化学災害

門奈弘己 著

緑風出版

はじめに

この本のメインテーマは、化学災害である。化学災害は、数ある災害の一つである。

以下に挙げる五つの災害の発生件数を、多い順に並べることができるだろうか（答えは、次ページ）。

・震度三以上の「地震」発生回数（二〇一四年）
・「台風」の発生個数（二〇一四年）
・一時間に降水量五〇ミリ以上観測した「短時間強雨」の発生回数（二〇一四年）
・土石流、地すべり、がけ崩れなど「土砂災害」の発生件数（二〇一三年）
・危険物施設における「火災」や危険物・毒物の「流出事故」の発生件数（二〇一三年）

正解は、以下のとおりである。
・土石流、地すべり、がけ崩れなど「土砂災害」の発生件数：九四一件
・危険物施設における「火災」や危険物・毒物の「流出事故」の発生件数：五六四件
・一時間に降水量五〇ミリ以上観測した「短時間強雨」の発生回数：二三七回
・震度三以上の「地震」発生回数：一八九回
・「台風」の発生個数：二三個

この数字を見て、どのような感想をお持ちだろうか。「化学災害」に分類される、危険物施設関連の災害発生件数が、意外に多いと思われないだろうか。また、これだけの件数が発生しているにもかかわらず、他の自然の猛威に比べると、印象が薄いように感じられないだろうか。

では、「化学災害」とは、実際にはどのような災害が含まれるのだろうか。このあと、第Ⅰ部の序章で詳しく論じることになるが、一言で言ってしまうならば、「化学物質が大きく関わっている爆発や火災、漏えいなどの事故」のことである。化学工場や倉庫で発生した事故から、輸送中に起きた事故、そして、一般の住宅で発生したものまでを含む概念である。

この本は、実際には日本各地で数多く起きているにもかかわらず、それほど馴染みのない「化学災害」を扱っている。大きく二つのパートに分かれていて、前半の第Ⅰ部では、化学災害の実態を、過去に実際に発生した事例を中心に描いていく。まず、序章では、化学災害とはどのよう

な災害のことを指すのか、詳しく論じる。第一章では、化学工場、倉庫、教育機関、温泉施設で発生した爆発・火災事故を九例取り上げた。これらは、第三章との対比になるが、爆発・火災事故が作業場や建物など、施設の内部で起きたケースである。次の第二章では、自然災害に伴って発生した化学災害の事例を三つ取り上げた。これらは、天災が襲って来なければ発生しなかったと考えられる化学災害であり、自然災害と化学災害が、両方一度に襲った時の被害の大きさを感じられるだろう。そして、第三章では、輸送中に起きた化学災害を、輸送手段ごとに取り上げた。これら輸送手段は、移動する事故発生源なので、悪条件が重なれば、あなたの目の前で起こったり、あなたやあなたの家族が巻き込まれたりする可能性もあった事例である。最後の第四章では、私たちが暮らす、一般の住宅で発生する化学災害を取り上げた。これらは、主として火事・火災を指すわけだが、住宅火災が、なぜ化学災害と考えられるのか明らかにしたい。

第一章で取り上げるイタリア・セベソとインド・ボパールでの事故以外は、全て日本国内で発生した事例である。確かに、被害や影響の及んだ範囲という点では、外国での事例の方が、より大きかったものも存在する。しかし、この本では、化学災害が私たちの身近なものであると実感してもらうことを優先し、このような事例選択となった。

後半の第Ⅱ部では、様々な場面で直面しうる化学災害から、自分自身や大切な人たち、財産などを守るために私たちに何ができるか、何をすべきかについて議論する。まず、序章では、化学災害から身を守るために、私たち自身でできること、そして、自ら行動を起こすことの重要性について述べる。次の第一章では、自分の生活環境の中で、どのような化学災害に遭遇する可能性が高いのか、について「知る」ための手段を、化学物質関連の法律体系の中に位置付けつつ紹介したい。最後の第二章では、どのように「備える」ことで、化学災害が起きる可能性を減らせるか、また、もし起きてしまっても被害を最小限に抑えられるか、について考えていきたい。このように、最初から最後まで、化学物質が大きく関わった災害を扱っているが、化学に関する知識がなくても読める本にしたかった。普通に日々の暮らしを営んでいる、市民の皆さんにこそ読んでほしい本だからである。そのため、化学物質の名前や専門用語の記述も、最小限にとどめた。

現在の私たちは、数多くの化学物質に囲まれて生活している。その数は、大量生産されている物だけでも一〇万種近くあるという。化学物質そのものや、それらから製造される製品がなくては、私たちの日々の生活が成り立たない。このことは、同時に、化学災害に遭遇する可能性も高い、ということを意味している。この本を読んで、一人でも多くの読者が、化学災害から身を守るための行動を起こし始めてくれたとしたら、著者としては望外のよろこびである。

目次

化学災害

はじめに　3

第Ⅰ部　化学災害の実態　11

第Ⅱ部　化学災害から身を守るために　147

第Ⅰ部　化学災害の実態

序章　化学災害とは何か

災害とは、国語辞典的な定義では「台風、地震、大雨、噴火、事故、火事、伝染病などによって受けるわざわいや、それらによる被害のこと」（小学館『大辞泉』／三省堂『大辞林』）をいう。前半に挙げた具体例は「自然災害」を指し、後半の例は「人為災害」を指していることが分かる。「自然災害」や「人為災害」という言葉は、様々な文脈で出てくる言葉であり、多くの読者が知っているはずである。しかし、この本のキーワードは「化学災害」である。この言葉は、「自然災害」や「人為災害」のように一般的な用語ではないため、「化学災害」が何を意味するのか、について明確にしておく必要があるだろう。ここからは、この本で「化学災害」と言ったら、どのような災害を指すのか、について述べておきたい。

国立国会図書館のホームページで探すと、医療系の学術雑誌などで、論文のタイトルに「化学災害」が使われている例はある。しかし、現在手に入れられる書籍の中に「化学災害」という言葉を冠したものはない。二〇〇〇年に、日刊工業新聞社から『事故から学ぶ化学災害の防止対策』（奥田欽之助著）という本が出版されているが、これが一番新しいものである。それ以外には、岡山県水島地区の防災対策に関する本が、一九八〇年以前に二冊出されている。また、タイトルに「化学災害」と使われていないものの、化学関連の工場などで発生した事故をまとめた事例集は、数冊出版されている。現在、手に入れられないものを含め、古い順に並べると、以下のようになる。

(1)　安全工学協会編『火災爆発事故事例集』（コロナ社）（二〇〇一年）
国内外のプラント装置、タンク、酸素・窒素などの関連施設、廃棄物施設で発生した火災・爆発事故を集めた事例集。

(2)　平野敏右編『環境・災害・事故の事典』（丸善）（二〇〇一年）
環境問題、人為災害（宇宙開発関係事故、航空機事故、鉄道事故、産業災害など）、自然災害（地震、火山噴火、風水害など）を網羅し、年表形式でまとめたもの。重要な事例には、概要の解説ページが設けられている。

(3)　災害情報センター編『災害・事故事例事典』（丸善）（二〇〇二年）
平成の時代に入ってから発生した災害・事故の中から、死傷者や損害の大きかったものを中心に取り上げている。事故の原因、経過、被害状況、対策、法的措置などがまとめられている。

(4)　安全工学会編『事故・災害事例とその対策――再発防止のための処方箋――』〔養賢堂〕(二〇〇五年)

国内外で発生した重大事故・事件を、火災・爆発事故、交通機関の事故、社会的事件・事故に分類して、取り上げている。

(5)　田村昌三編『化学物質・プラント事故事例ハンドブック』〔丸善〕(二〇〇六年)

後述の「失敗知識データベース」の成果を、書籍にまとめたもの。約三三〇の事例が取り上げられている。

(6)　日外アソシエーツ編『日本災害史事典1868‐2009』(二〇一〇年)

明治時代から平成時代に至る約百四十年の間に、日本で起きた四五五七件の災害を、発生年月日順にまとめた事典。自然災害だけでなく、鉱山事故、鉄道や航空機の事故、薬害事故などの人為災害もまとめられている。

また、インターネット上でも、収集期間はまちまちだが、化学関連の事故の概要をまとめたデータベースがある。

(1)　「失敗知識データベース」(http://www.sozogaku.com/fkd/index.html)

様々な組織内で事故を防ぐ立場にいる人たちに対し、これまでの失敗事例から得られる知識を正しく伝えるために作られたデータベース。人のミスによって引き起こされた事故事例が、様々な分野から広く集められている。具体的には、石油化学関連、機械、建設、原子力、鉄道、食品、自然災害など、一六のカテゴリーに分類されている。その中でも特に重要な事故事例は、「失敗百選」として、さらに詳しくまとめられている。

（2）「リレーショナル化学災害データベース」（http://riscad.db.aist.go.jp/index.php）

一九四九年十月二十八日から二〇一四年二月二十八日までに、国内外で発生した、約六六〇〇件の化学災害を、様々な条件から検索できる（二〇一五年九月末現在）。「原因となった化学物質」、「発生した国」、「発生した都道府県」、「爆発・火災・非着火放出などの最終事象」、「どの工程で発生したか」、「どの装置で発生したか」など、絞り込み可能な条件は一〇項目以上ある。

これらの事例集やデータベースが、どのような方針で事例を収集したのか、最大公約数的にまとめてみると、

「化学物質が大きく関わって発生した爆発・火災・漏えい事故」

と言うことができる。本書では、もう少し広げて考えてみたいと思う。

「専ら、私たちの行為がきっかけとなって、爆発・火災・漏えいという結果が生じ、私たちの生活の場である社会環境や、大気・水・土壌などの自然環境に汚染を引き起こしたもの」

は、全て化学災害と捉えたい。つまり、このような重大な結果を招いたものは、「原因」となる物質が、化学物質であるか否かを問わないのである。そして、それらの物質が原材料として使われていたのか、中間材料としてなのか、製品自体であるか、についても問わない。このように、化学災害の範囲を広げることで、まず、「化学の専門書で定義されているような化学物質、もしくは、法律で規制されている化学物質を用いていない工場で発生した爆発・火災・漏えい事故」も化学災害の一つと捉えたいと考えている。

例えば、二〇一四年十二月三十一日の早朝に静岡県島田市で発生した、特殊東海製紙株式会社の火事が記憶に新しい。この火事で燃えたのは、木質チップと、チップを貯蔵しておくチップサイロであった。火災発生当時、この工場には、四三〇〇トン以上の木質チップが貯蔵されており、全焼した。そのため、大量の煙と焦げた臭いが周辺に広がった。一時、隣接する藤枝市内でも焦げた臭いを感じたという。島田市には、苦情や問い合わせの電話があり、健康不安を訴える住民に対し、避難所も開設されたほどであった。完全鎮火できたのは、一月五日の午後三時であり、百二十九時間後のことであった。人的被害はなかった。

この火災は、確かに、一般的にイメージされる化学関連の工場での爆発・火災・漏えい事故ではない。しかし、完全に収束するまでに長時間を要し、その間、周辺住民の平穏な日常生活も影響を受けた。事故の深刻さの度合いはともかくとして、このような事例も、化学災害の一つと考えたい。

そして、もう一つ「私たちの暮らす住宅で起こった爆発・火災事故」も化学災害の一つと捉えたい。私たちが日常生活を営む住宅の中には、原料となる化学物質から製造されたり、加工されたりした製品が置いてある。仮に、製品自体に毒性や有害性が全くない場合であっても、燃え方、燃える規模によっては、広範囲に影響を及ぼしうるからである。例えば、塩素を含むプラスチックが燃えると、燃える温度にもよるが、ダイオキシンが発生する場合がある。そして、合成系の建築材料からは、一酸化炭素などの有毒ガスが発生する。また、爆発や火災に至るまでの反応プロセスにおいて、全く性質の異なる化合物が副成したり、有毒ガスが発生したりすることもあるからだ。

後の章で詳しく見ていくが、私たちの、現在の豊かで、便利で、快適な暮らしの多くは、人工的に合成された化学物質に負っている。石油由来のプラスチックが典型的だが、私たちの家の中にも、奥深くまで化学物質や、化学物質を加工して製造された製品が入り込んでいる。それゆえ、化学災害の概念を広く捉える必要があるのだ。

以下、第Ⅰ部では、過去に私たちの身の回りで起きた、化学災害の具体例を四つのタイプに分類して取り上げていく。それぞれの事例をまとめるにあたっては、先に挙げた各事典やデータベース、新聞や雑誌記事、事故報告書など、必ず複数の情報源をチェックした。

⑴　工場、倉庫などの施設で発生した化学災害：九例（第一章）

化学工場や化学物質を保管している倉庫で起こった事例とともに、教育機関や温泉施設で起きた事例を取り上げた。

(2)　自然災害に伴って発生した化学災害：三例（第二章）

地震が大規模な化学災害を起こした初めての事例である新潟地震と、まだ記憶に新しい、東日本大震災による二つの例を取り上げた。

(3)　輸送中に発生した化学災害：五例（第三章）

物を運ぶ手段は何通りもある。その輸送手段ごとに事例を取り上げた。

(4)　一般住宅で発生した化学災害（第四章）

住宅で発生する火災も化学災害であることを、各種データをもとに示したい。

本書は、先に挙げた事典やデータベースのように、過去の事故例を網羅することを目的としたものではない。化学災害が、

(1)　如何に私たちに身近な災害か

(2)　如何に危険なものか

ということを実感し、同時に、

(3)　化学災害に如何に対応するか

について考えてもらうために選んだ事故例である。

第一章　化学工場・倉庫・その他の施設で起きた化学災害

この章では、化学工場、倉庫、大学、温泉施設で発生した化学災害を九例取り上げる。最初の二つは、イタリアのセベソでの事故と、インドのボパールでの事故である。この二つは、外国の事例であり、起きてから既に四半世紀以上経っているが、化学関係の本であれば、ほぼ確実に言及されているくらいの重大事故であった。そして、その後の国際条約採択や国内法制定のきっかけになった。

三例目以降は、国内の化学工場で発生した事例が四つ続く。前半の二つは、大規模な化学工場で起きた事例、後半の二つは、中小規模の化学工場で起きた事例である。

そして、残りの三つは、国内の化学工場以外の施設である「倉庫」、「大学」と「温泉」で発生したものである。化学災害の危険性は、化学工場以外の場所にも潜んでいることを実感してほしい。

事例一：イタリア・セベソ　イクメサ化学工場での爆発事故（一九七六年）
事例二：ユニオン・カーバイド・インド社　ボパール工場での漏えい事故（一九八四年）
事例三：㈱日本触媒姫路製造所での爆発・火災事故（二〇一二年）
事例四：東ソー㈱南陽事業所での爆発・火災事故（二〇一一年）
事例五：日進化工㈱群馬工場での爆発事故（二〇〇〇年）
事例六：㈱シバタテクラムでの爆発・火災事故（二〇一四年）
事例七：㈱寶組勝島倉庫での爆発・火災事故（一九六四年）
事例八：大阪大学での爆発事故（一九九一年）
事例九：渋谷松濤温泉シエスパでの爆発事故（二〇〇七年）

化学災害は、これまでにたくさん発生しているが、何を基準にこれらの事例を選んだのか、国内の七例に関して、簡単にまとめた。

⑴　施設の近くに住宅地があるケース
事例五／事例六／事例九
⑵　敷地の外に、事故の直接的影響が及んだケース

事例四／事例五／事例六／事例九

(3) 大規模なプラントでのケース

事例三／事例四

(4) 中小規模の工場でのケース

事例五／事例六

(5) 工場以外の施設でのケース

事例七／事例八／事例九

(6) 事故の原因となった物質が、有害物質でないケース

事例六／事例九

事例一　イタリア・セベソ　イクメサ化学工場での爆発事故（一九七六年）

『沈黙の春（Silent Spring）』という本を知っているだろうか。アメリカの女性海洋生物学者であるレイチェル・カーソンの著書である。一九六二年に出版され、既に半世紀以上が経ち、環境問題の古典となっている。冒頭部分を引用してみよう。

「春が来たが、沈黙の春だった。いつもだったら、コマドリ、スグロマネシツグミ、ハト、カケス、ミソサザイの鳴き声で春の夜はあける。そのほかいろんな鳥の鳴き声がひびきわたる。だが、いまはもの音一つしない。野原、森、沼地……みな黙りこくっている」

『沈黙の春』は、このような印象的な寓話から始まる。今までなら、春になると姿を見せていた鳥などの野生生物が、ＤＤＴや農薬などの悪影響によって、戻って来なくなった世界を描いている。この寓話の場合、長年にわたるＤＤＴや農薬などの使用が、徐々に生態系に影響を与えたわけだが、たった一回の事故で、実際にこのような風景になってしまった場所がある。それが、イタリアのセベソである。この地域に降り注いだのは、ＤＤＴや農薬よりもさらに毒性の強いダイオキシンであった。

一九九九年に制定された、ダイオキシン類対策特別措置法によると、

(1)　ポリ塩化ジベンゾ‐パラ‐ジオキシン（ＰＣＤＤ）

(2)　ポリ塩化ジベンゾフラン（ＰＣＤＦ）

(3)　コプラナーポリ塩化ビフェニル（Ｃｏ‐ＰＣＢ）

これら三種類の化学物質を、まとめてダイオキシン類と定義している（環境省パンフレット「ダイオキシン類」）。名前に「塩化」と付いていることからも分かるように、塩素化合物であり、塩素の数や結合する位置によって、二〇〇以上もの性質の異なる物質（異性体）がある。ダイオキシン類は、無色透明の固体で、水には溶けにくいが脂肪には溶けやすい性質を持っている。これらは、工業的に生産される類の化学物質ではない。炭素、酸素、水素、塩素などを含む物質が燃焼すると、私たちが意図しなくても生成してしまう物質である。例えば、火山活動や森林火災の時に生成されることもある。しかし、主として、私たちの活動（化学物質の合成、ゴミ焼却、タバコの煙、自動車の排出ガス、住宅火災など）の結果生成する物質である。

では、ダイオキシン類は、私たちにどのような影響をもたらすのか。化学物質の毒性は、大きく二つに分けられる。「急性毒性」と「慢性毒性」である。

(1)　急性毒性：一回で大量に摂取したり、曝露したりした場合に見られる毒性である。ダイオキシン類の場合、モルモットでの実験結果から、サリンや青酸カリ（シアン化合物）よりも毒性が強いと言われている。

(2)　慢性毒性：長期にわたって摂取したり、曝露したりした場合に見られる毒性である。ダイオキシン類を摂取したり、曝露したりした本人への影響として挙げられているのは「発がん性」と「免疫毒性」、「内分泌かく乱」である。また、「奇形児出産」や「子どもの成長の遅れ」など、母から子へ影響が受け継がれてしまう毒性も指摘されている。

一九七六年七月十日の正午過ぎ、イタリアのセベソで操業していたイクメサ化学工場で爆発事故が起きた。セベソは、イタリア北部に位置し、スイスとの国境にも近い。少し南に行くと、現在、サッカー日本代表の長友佑都選手や本田圭佑選手が所属するインテル・ミラノやACミランの本拠地であるミラノがある。風光明媚な場所で、その地域の住民は、野菜にしても、果物にしても、肉にしても、自給自足に近い生活を営んでいた。

イクメサ化学工場は、スイスのホフマン・ラ・ロシュ社（世界的な医薬品会社）傘下のジボダン社（スイスにある世界最大の香料会社）の子会社である。除草剤や外科用石けん製造に使われる、トリクロロフェノール（TCP）やヘキサクロロフェンという化学物質を製造し、大部分をアメリカに輸出していた。

事故の起きた七月十日は土曜日で、休業日であった。点検や清掃作業が終わって、作業員が一段落した頃に事故が発生した。非常に大きな音や振動が、工場から数キロメートル離れた家屋にも伝わるほどの衝撃であった。大きな灰色のキノコのような形をした塊が、工場の上にできていて、しばらくすると、白い結晶が周辺地域に降り注いできた。まだ、この事故の深刻さを知らなかった周辺住民は、白い結晶を浴びても、特に気にすることはなかった。また、白い結晶を浴びた野菜、果物、家畜の肉を引き続き食していた。十五日になって、ジボダン社の調査で、この白い結晶の正体が、肌に触れると皮膚炎を引き起こすＴＣＰではなく、ダイオキシンであることが分かってきた。しかも、ＰＣＤＤの異性体である二・三・七・八‐テトラクロロジベンゾジオキシン（ＴＣＤＤ）で、ダイオキシン類の中でも毒性の強い物質であった。ＴＣＤＤは、摂氏二〇〇度を超えた時に、副産物として生成していたのである。ジボダン社は、降り注いだ化学物質に関する報告を、すぐにはおこなわなかった。再調査でもＴＣＤＤの存在が確認され、当局に報告したのは、事故から十日経った七月二十日であった。

周辺住民の目の前でバタバタと力尽きる野鳥、歩くこともままならない犬や猫、血を流して死んでいくウサギやニワトリなどの家畜類。ＴＣＤＤが降り注いでいたことの影響は、このように、まず小さい動物に出てきた。爆発事故から二週間経った二十四日、汚染のひどかった地域の四〇世帯、二〇〇人以上に対して、強制疎開命令が出された。そして、約三週間経った七月末になって、強制疎開地域は、一平方メートルあたり五マイクログラム（一〇〇万分の五グラム）のダイオキシンが検出された地域まで拡大された。この措置で、住み慣れた土地を離れなくてはいけない人たちが六〇〇人ほど増えた。また、家畜が移動すると、汚染を広げるおそれがあったため、約五万頭が殺処分された。最初に述べた、レイチェル・カーソンの寓話が現実になってしまった。戦争の惨禍のように、自然や人々の生活が目に見える形で破壊されたわけではない。風景は変わっていないのに、生き物がいなくなってしまい、暮らしていた人たちも、強制疎開によって去ってしまったからである。

そもそも、この爆発事故のきっかけは、人的ミスであった。作業員が運転マニュアルを守らず、間違った操作をおこなって現場を離れたのである。そのため、反応が暴走し、爆発が起きた。そして、この事故には、工場設計段階における技術的なミスも関係していた。安全弁は、摂氏三二〇度までは耐えられるような設計になっていたようであるが、設置場所が問題であった。何か起こった際に、毒物が直接大気中に噴き出してしまうような場所に設置されていたのである。また、廃液タンクや回収槽も取り付けられていなかったという。もし、これらのミスがなければ、被害の範囲も程度も、もっと低く抑えられていたはずである。

この爆発事故による直接の犠牲者（爆風、火傷、ダイオキシンの急性中毒などによる死亡）はいなかった。しかし、様々な後遺症に悩まされたという人たちは、二二万人を超えると推定されている。ダイオキシンの影響は、その代表的な一つである。まず、ダイオキシン中毒の典型的な症状であるクロルアクネ（肌の異常、吹き出物の一種）に悩まされる人たち、発疹、吐き気、倦怠感といった症状が続く人たちが多く出た。さらに深刻なことは、世代を超えて被害が出たことである。翌一九七七年、妊婦の流産率が三四パーセントに達した。また、奇形や障害を持って生まれてくる子どもも多かった。そのため、カトリックの地域では、人工中絶の是非に関して大論争となった。そして、ダイオキシンの汚染によって、故郷の土地に戻ることの出来ない人たちを数多く出してしまった。

この爆発事故を受けて、様々な国際的な取り組みが始まった。まず、一九八二年に制定されたEC（現在のEU）の「大規模事故災害防止指令（通称、セベソ指令）」である。この指令は、まず、

(1) 危険物質による大災害を予防すること

そして、もし、災害が発生してしまった場合には、

(2) 人間や環境への悪影響を最小限に抑えること

を目的としている。そして、化学工業、倉庫、金属精錬など、大量の危険物質を取り扱う約一万カ所の施設に対しては、

(3) 安全管理計画を策定し、周辺の住民にその情報を提供すること

(4) 事故発生時の緊急対策を策定し、周辺の住民にその情報を提供すること

を求めている。また、加盟国に対しては、

(5) 大量の危険物質を取り扱う施設が、新設または改築する場合、交通量や人口の多い場所を避けるよう管理すること

(6) 大量の危険物質を取り扱う施設に、年一回の立ち入り調査をおこなうこと

を求めている。

もう一つの国際的な動きは、「有害廃棄物の国境を越える移動及びその処分の規制に関するバーゼル条約（以下、バーゼル条約）」の採択である。セベソ事故の後、保管されていた汚染土壌の容器が行方不明になり、北フランスで発見された。フランスは、イタリアに引き取りを要請したが、イ

タリアはこれを拒否した。最終的に、事故を起こした工場の親会社があるスイスが引き取った。このトラブルで、有害廃棄物の越境移動が問題になった。それに加え、先進国が、有害廃棄物を発展途上国へ運び、放置するということも、この時期には珍しくなかった。そのため、「有害廃棄物を輸出する際には、輸入国の書面による同意が必要」など、一定の制限が必要だということになり、一九八九年にバーゼル条約が採択され、一九九二年六月に発効した。

事例二　ユニオン・カーバイド・インド社　ボパール工場での漏えい事故（一九八四年）

ユニオン・カーバイド社は、アメリカの化学企業の一つであり、創業は日本では明治新体制に移行する直前の一八六六年であった。元々、カーボンメーカーとしてスタートしたが、その後、ガス、金属、プラスチック、石油化学の分野にまでビジネスを展開するようになった。そして、約四〇カ国に約七〇〇の工場、一〇万人の従業員を抱える多国籍企業となった。一九八〇年代前半には、一〇〇億ドルの資産を持ち、年に九〇億ドルの売り上げがあり、化学産業界では、アメリカ国内で第三位、そして世界では第七位の大企業であった。

ユニオン・カーバイド社は、一九六九年に、インドのボパールに工場を開業した。ボパールは、インドの中央部にあり、インドで最も貧しい州の一つであるマディヤ・プラデシュ州にある。森林地帯が多く、五五〇〇万人の人口を抱えていた。また、一人当たりの年収は一〇〇ドル以下ということで、近代化が課題であった。操業開始から十年ほど経ち、それまでは、アメリカ・ウエストバージニア州のインスティテュート工場だけで製造していた、セビンという農薬を製造するようになった。

一九七八年以前には、セビンを造る際、メチルイソシアネート（ＭＩＣ：イソシアン酸メチルとも言う）という物質を使っていなかった。ＭＩＣは、無色透明の固体で、皮膚に接触すると、刺激があるだけではなく、場合によっては生命の危険もある物質である。また、吸入したりすると、呼吸器や中枢神経系に障害が出る可能性もある。ＭＩＣは、このような猛毒の化学物質であるから、屋外か換気のされている屋内で扱い、作業にあたる人は、必ず保護具を装着しなくてはならない。このように、ＭＩＣは取り扱いの難しい化学物質であるが、ＭＩＣを使うことで、出る廃棄物の量も少なくて済み、製造コストも下げられる点が評価され、採用されることとなった。そして、インドへの技術移転をおこなう際も、ＭＩＣを使用する形が採られた。

当時、ユニオン・カーバイド社が製造しているものよりも安価で安全な農薬が、市場に出てくるようになった。そのため、ユニオン・カーバイド社は、赤字経営に陥るところとなり、更なるコストダウンが求められることとなった。ここで切り捨てられたのは、またしても「安全」の部分であった。そして、社員に対する安全教育がきちんとなされないまま、現場作業に当たることが多くなった。そういった影響もあってか、MICの施設の稼働開始から一年で事故が起きた。この事故以前に、何度か小さな事故やトラブルが生じていたため、専門家のチームが工場に調査に入った。その報告書では、適切な安全対策を講じなければ、いずれ大きな事故が起こりうると指摘された。しかし、その指摘は真剣に捉えられず、一九八四年の後半には、MIC部門の人員がカットされるという状況であった。

一九八四年十二月二日の午後十一時三十分頃、MICの漏えい事故が起こった。その日の夕方に、MICを貯蔵するタンク配管の洗浄作業をおこなった作業員のミスが原因であった。水がタンク内に入らないようにするための仕切り板を、挿入し忘れたのである。新設された配管に不具合があったことも重なり、MIC貯蔵タンク内に水が入り込んだ。MICは、水と激しく反応を起こすため、MIC貯蔵タンク内は高温になり、圧力も上がった。そして、気化したMICガスが、壊れた安全弁の部分からタンク外に漏れ出した。タンク圧の上昇やMICガスの漏えいも、工場の作業員は検知していたが、適切な措置を講じることができなかった。タンク内には、約四〇トンのMICが保管されていたが、数時間のうちに全て気化して漏えいし、一帯に広がっていった。その時には北西の風が吹いており、MICガスは人口の多い南東の地域へ拡散していった。拡散した範囲は、約四〇平方キロメートルと言われている。

工場内では、場内放送で風の向きが伝えられたため、怪我人は出たものの全員助かった。一方、周辺住民向けの緊急サイレンは、十二月三日の午前一時頃に鳴り始めた。本来、外部へ緊急事態を知らせる時、そのサイレンは、止まることなく鳴り続けなければならないのだが、僅か三分ほどで止まってしまった。工場の従業員の中で、「緊急サイレンが鳴り止んだこと」にすぐに気付いた者はいなかった。そのサイレンが再び鳴り始めたのは、約一時間後の午前二時頃であった。

多くの人たちが眠っている時間帯に事故が起き、かつ、緊急サイレンが正常に作動しなかったため、MICガスによって即死した人が二〇〇〇人を超える大惨事となった。この数字は、あくまでも「即死」であり、最終的には死者は一万四四一〇名まで増えた。また、MICガスを浴び、様々な障害を負った者は五万人にのぼる。また、後遺症が出なかった人たちも含めれば、この事故の被害者は二〇万人とも三〇万人とも言われている。この数の多さから、「人類史上最悪の化学災害」だと言われる。

MICガスを浴びると、目がヒリヒリ痛む、涙が止まらない、咳が止まらない、呼吸困難、嘔吐などの症状が出る。夜が明けてから昼までの間に、MICガスを浴びた二万五〇〇〇人の周辺住民が、病院に押し寄せた。彼らが必要としている治療は、「失明を防ぐために顔を洗い、アトロピン剤を目にさす」、「うがいをする」などであったが、医者は適切な指示を出すことができなかった。医者は、ボパール工場でどのような化学物質が使用されているのか、また、製造されているのか、について全く知らなかったからである。

生き残ることができた人たちは、事故から数年経っても様々な影響を受けていた。個人の健康面では、事故から五年経った一九八九年の時点で、工場周辺の七〇パーセントの住民が、呼吸器疾患、目の疾患、生理不順、神経障害などで苦しんでいた。ＭＩＣの悪影響が、世代を超えて伝わるという、さらに深刻な事態も生じていた。ある病院では、妊婦の七六パーセントが流産した。また、新生児の四人に一人が生後二日以内に死亡した。死産児の体内からＭＩＣが検出されるケースもあった。また、社会的なものとしては、事故をきっかけに職を失い、日々の暮らしにも困る周辺住民が続出した。

工場には、ＭＩＣに関する事故を大きくしないために、幾つもの手段が用意されていたにもかかわらず、一つも正常に作動しなかった。例えば、ガスを燃やす焼却塔は修理中、ガスを中和する洗浄装置も、修理が終わったばかりで使用できない状態であった。また、ＭＩＣの気化を防ぐための冷却システムは、節電を理由にＯＦＦになっていた。仮に、これらの一つでも事故時に働いていたら、被害の範囲も程度も多少は抑えられただろう。

工場と医療関係者の連携の大切さも、この事故で浮かび上がってきた課題の一つである。先に述べたように、患者が症状を申告しても、治療を施すことができなかった。適切な処置が分からなかったからである。もし、すぐに適切な治療をおこなえば、被害や後遺症を軽いままで抑えられた患者もいたはずである。周辺の工場が使用、もしくは製造している化学物質に関する情報を、医療関係者も把握しておくことは、事故の被害を小さくするためにも重要であることを示した例である。

翌一九八五年、ユニオン・カーバイド社は、アメリカ本国でも同様の事故を起こした。この事故を受けて、アメリカでは一九八六年に「緊急対処計画および地域住民の知る権利法（Emergency

Planning and Community Right - to - Know Act)」が制定され、「有害物質排出目録（Toxic Release Inventory：TRI）」が導入された。詳しくは第Ⅱ部で述べるが、周辺の住民に、工場が排出している化学物質の情報を公表する制度である。アメリカで起こった事故は、ボパールの事故よりも規模は小さかったが、法律の制定など、動きは早かった。一方、インドでは、一九八九年になって、ユニオン・カーバイド社は、四億七〇〇〇万ドルの賠償金を支払うことに合意した。その後、負債を抱えたユニオン・カーバイド社は、化学企業大手のザ・ダウ・ケミカル・カンパニー（ダウ・ケミカル）の子会社となった。

事例三　（株）日本触媒姫路製造所での爆発・火災事故（二〇一二年）

世界で最初に紙おむつが登場したのは、一九四〇年代半ばのスウェーデンである。布おむつを製造するための綿花が、ドイツから輸入できなくなったことで考案された。日本でも、第二次世界大戦後間もない一九五〇年代前半に紙おむつが登場した。しかし、紙おむつ自体が高価だったこと、戦後復興を遂げつつあったにせよ、まだ物資の少ない時代であり、使い捨ての習慣が定着していなかったこと、などの理由から、すぐには普及しなかった。しかし、現在では、子育てに紙おむつを使用する家庭は九九パーセントにまで達している（経済産業省「ベビー用品店」）。日本衛生材料工業連合会のデータによると、乳幼児用の紙おむつは、二〇一四年には一二〇億枚以上生産された。二〇一三年の時点で、日本には、三歳までの子どもは約三一五万人いる。その子どもたち一人一人が、一日一〇・四枚、一年間で三八一六枚の紙おむつを使っていることになる。また、世界の国々の中でも特に速く高齢化が進んでいる日本においては、大人用紙おむつの需要も年々増しており、二〇一四年には二〇一三年より約二億枚増の約六七億枚生産された。二〇一三年の時点で、日本には、七十五歳以上の後期高齢者が約一五六〇万人いる（総務省統計局「年齢各歳別人口」）。単純計算で、彼ら全員が、一日一・一枚、一年間で約四三〇枚の紙おむつを使用していたことになる。

ここまで紙おむつの使用量が増えたのは、一九八四年に高分子吸収体を使用した製品が市場に登場し、性能が格段に上がったからである。高分子吸収体は、一九七四年アメリカで開発された白っぽい色をした粉末で、高い吸水力と保水力が特徴である。高分子吸収体は、何も混じっていない水であれば、自分の重さの二百〜千倍の水分を、体内からの老廃物の混じった尿であっても、三十〜七十倍は吸収し、ゼリー状に固めてしまう。また、一度吸収した水分は、ほとんど放出しないので、水分の逆戻りも防ぐ。このように使い勝手の良くなった紙おむつは、一九八〇年代の半ば以降、急速にシェアを拡大したのである。

高分子吸収体の原料として、アクリル酸という物質が用いられる。アクリル酸は、石油由来の物質である。石油は、原油という形で輸入されるが、精製されてから利用される。原油を加熱すると、沸点の違いによって様々な物質に分けられる（石油情報センター「石油の精製」）。沸点の低い所から並べると、以下のようになる。

(1)　摂氏三五～一八〇度：ガソリン、ナフサ
(2)　摂氏一七〇～二五〇度：ジェット燃料、灯油
(3)　摂氏二四〇～三五〇度：軽油
(4)　摂氏三五〇度以上：重油、アスファルト

多くの石油化学製品は、石油を精製した時に得られるナフサという物質から作られる。アクリル酸もその一つである。アクリル酸は、以下のような特徴を持っている（職場のあんぜんサイト「アクリル酸」／図解でわかる危険物取扱者講座「第二石油類」）。

(1)　常温で無色透明の液体で、刺激臭を持つ
(2)　水や有機溶剤に溶ける
(3)　コンクリートを腐食させるほどの強い腐食性がある
(4)　引火点（炎などの点火源を近づけた時に着火する温度）は、摂氏五一・四度である
(5)　火災の時に、刺激のあるガス、または、有毒ガスを発生させるおそれがある
(6)　保管する時は、熱や火花などの点火源を近づけてはいけない
(7)　皮膚に接触したり、飲み込んだり、吸入したりすると危険である
(8)　作業者は、保護のための道具を着用する

これらの特徴から、消防法上の第四類危険物・第二石油類（引火性液体）に指定されている。また、毒物及び劇物取締法において、劇物と指定されている。

アクリル酸は、主に三つの製品の原料になっており、それぞれの用途に供されている（日本触媒「製品フローチャート」）。

(1)　粘着剤・接着剤用樹脂　→　粘着剤、接着剤
(2)　塗料用樹脂　→　印刷用インキ、塗料、自動車塗料
(3)　高吸水性樹脂　→　紙おむつ、園芸用保水材

（株）日本触媒は、アクリル酸の生産においても、高分子吸収体の生産においても世界有数の企業である。一九七〇年に、アクリル酸の新しい製造方法を生み出した。これは、世界初の製法で、現在では他の化学メーカーでも採用されている。アクリル酸の世界市場規模は、二〇一一年時点で推定四一〇万トンとされている。（株）日本触媒は、その約一五パーセントの六二万トンを生産しており、世界第三位の生産量である（日本触媒「個人投資家向け説明会資料（二〇一二年六月）」）。また、（株）日本触媒は、一九八五年から本格的に高分子吸収体の生産をスタートさせ、二〇一一年時点で年間四七万トン生産している。こちらは、世界第一位の生産量である。高分子吸収体の世界市場規模は、二〇一一年時点の推定で一八〇万トンとされているので、約二六パーセントのシェアを持っていることになる（日本触媒前掲資料）。

（株）日本触媒は、一九四一年にヲサメ合成化学工業株式会社という名前で設立され、一九六〇

年に姫路工場（現在の姫路製造所）を開設した。姫路製造所は、兵庫県姫路市の南西端にあり、姫路港にも近い場所に建っている。敷地面積は、約九〇万平方メートル（東京ドーム（四万六七五五平方メートル）約一九個分の広さ）で、（株）日本触媒の主力工場である。姫路製造所では、以下のような製品を生産している。

(1)　基礎化学品製造ヤード：アクリル酸、アクリル酸エステルなど
(2)　機能性化学品製造ヤード：高分子吸収体、電子情報材料など
(3)　触媒製造ヤード：触媒など

高純度アクリル酸は、粗アクリル酸を「精製塔」という設備に供給し、不純物を分離することによって得られる。分離された不純物は、精製塔ボトム液（以下、ボトム液）と呼ばれ、次に「回収塔」という設備に送られ、アクリル酸と廃油に分けられる。Ⅴ-三一三八タンクは、ボトム液を一時貯蔵しておく中間タンクである。二〇一二年九月十八日から二十日にかけておこなわれたメンテナンス工事の後、設備が復旧し、Ⅴ-三一三八タンクにもボトム液が溜められ始めた。九月二十八日の午後二時頃、Ⅴ-三一三八タンクに六〇立方メートル溜まったので、ボトム液の供給はストップした。それから約一日経った九月二十九日の午後一時二十分頃、従業員が、Ⅴ-三一三八タンクから白煙が上がっていることを確認した。その五分後には、Ⅴ-三一三八タンクへの放水を開始したが、事態は収束せず、所内の従業員で構成された消防組織である、自衛防災隊の出動を一斉放送で要請した。午後二時頃から、自衛防災隊による放水が始まった。姫路市消防局は、午後一時四十八分過

ぎに通報を受け、午後二時過ぎに現場に到着した。放水活動は続いていたが、事態は好転せず、V-三一三八タンク内の圧力が高まり、亀裂が生じて、タンクからボトム液が流出した。このことで、温度は高いまま、タンク内の圧力が急激に下がった。そのため、ボトム液が急激に沸騰し、午後二時三十五分頃、V-三一三八タンク内で蒸気爆発を起こした。そして、V-三一三八タンクは破裂してボトム液が飛び散った。着火源は特定できていないが、ボトム液に着火し、火災も発生した。この爆発の衝撃で、周辺に設置されていたタンクも幾つか損傷し、漏えいしたアクリル酸（約六六立方メートル）とトルエン（約二八立方メートル）にも延焼した。そのうえ、既にタンクの近くにいた消防車からも火の手が上がり、消火活動が難航した。

火の勢いが鎮圧できた午後十時三十分過ぎまで、炎と黒煙が上がっていた。そして、完全に鎮火したのは、丸一日以上経った翌九月三十日の午後三時三十分頃であった。この爆発・火災で、消火活動にあたっていた消防士一名が犠牲になった。そして、従業員一〇名、警察関係者二名、消防関係者二四名、合計三六人が重軽傷を負った。人的被害はこれだけ出たが、環境への影響に関しては、排水口を閉鎖したことで、有害物質が製造所の外に漏れ出ることはなかった。

この事故を受けて、危険物製造所等一時使用停止命令が発令され、姫路製造所の全製造施設は操業を停止した。この停止命令が全て解除されたのは、二〇一三年十二月であった（日本触媒「姫路製造所における爆発・火災事故について（第十九報）」）。その後、操業を再開させ、アクリル酸の生産は、二〇一四年の時点で年間七八万トンにまで増えている。世界市場でのシェアは、世界第三位である。また、高分子吸収体に関しては、二〇一四年の時点で年間五六万トンの生産能力がある。これは、世界第一位の生産量である（日本触媒「早わかり！　日本触媒」）。そして、二〇一四年十月には、紙おむつの需要が国内外で伸びているため、高分子吸収体の製造プラントを増設すると発表した。このプラントが稼働を開始すると、生産量は五万トン増え、年間六一万トンとなる（日本触媒ニュースリリース）。

製品（高分子吸収体）は、生まれて間もない子どもにも使えるような安全な物である。しかし、その原料（アクリル酸）は、普段の取り扱いにも注意が必要な物質であり、一回事故を起こすと、大きな物的・人的被害が出て、様々な方面に影響を与えてしまうことが分かる。

事例四　東ソー（株）南陽事業所での爆発・火災事故（二〇一一年）

石油はどのように利用されているのだろうか。用途は、大きく分けて三つある（石油連盟「もっと知りたい!!　石油のQ&A」）。

まず、「輸送」で約四一パーセントが消費されている。自家用車、トラック、バスなどの自動車用としては、ガソリン、軽油、LPガスが利用されている。そして、船舶の燃料としては重油が、航空機の燃料としてはジェット燃料が使われている。次に多いのは、「熱源」として用いられるもので、その割合は約三九パーセントである。最後に、約二〇パーセントが、石油製品の「原料」として利用されている。ナフサという物質から、洗剤、プラスチック製品、合成繊維など多くの石油化学製品が製造されている。

プラスチックは、熱を加えた時の性質の違いによって、

(1)　一回固まったら、熱を加えても軟らかくならない性質を持つ「熱硬化性樹脂」

(2)　冷やすと固まるが、加熱するたびに軟らかくなる性質を持つ「熱可塑性樹脂」

の二つに分類されている。そして、熱可塑性樹脂は、「汎用プラスチック」と、耐熱性や強度に優れた「エンジニアリングプラスチック（エンプラ）」に分類される（日本プラスチック工業連盟「プラスチックの種類」）。

汎用プラスチックは、字のとおり、比較的安価で大量生産できるため、ひろく様々な所に用いられているプラスチックのことである。一般的には、以下の四種類を指す。

(1)　ポリエチレン（ＰＥ）

(2)　ポリプロピレン（ＰＰ）

(3)　ポリ塩化ビニル（ＰＶＣ：塩化ビニル樹脂とも言う）

(4)　ポリスチレン（ＰＳ）

汎用プラスチックの一つであるポリ塩化ビニルは、後で詳述する塩化ビニルモノマーを化学的に

結合させてできる物質である。ポリ塩化ビニルの長所、短所は、以下のとおりである（日本ビニル協会「ポリ塩化ビニルに関するQ&A」／塩ビ工業・環境協会「塩ビ製品の実用特性」）。

長所1　燃えにくい

石油が主な原料であるプラスチック製品は、燃えやすいという欠点がある。しかし、ポリ塩化ビニルは、重量パーセントで原料の半分以上が塩素であり、炭素など石油由来の成分の割合は高くないため、燃えにくい。

長所2　耐用年数が長い

他の汎用プラスチックは、使用時間が長くなると、酸化作用によって劣化してしまうが、ポリ塩化ビニルは、酸化作用に強い物質である。五十年近く使用しても、強度、性能ともに、ほとんど劣化していなかったという調査もあるくらい寿命が長い。

長所3　変形しにくい

プラスチック製品は、荷重のかかった状態が続くと、時間の経過とともに変形していく。このことを「クリープ現象」と呼ぶ。通常の環境下において、ポリ塩化ビニルは、他の汎用プラスチックに比べて、クリープ現象による歪みが小さい。

長所4　自由に加工しやすい

比較的硬い物質であるが、可塑剤を添加することで軟らかくなり、しなやかで弾力のある物質にもなる。分子と分子の間に可塑剤が入り込んで、分子間の力が弱くなっているからである。可塑剤の量が増えるにしたがって、ポリ塩化ビニルも軟らかくなる。この特性を活かして、「硬質」と「軟質」のポリ塩化ビニルが製造されている。それぞれの用途は、

(1) 硬質ポリ塩化ビニル：水道管、下水道管、継ぎ手、看板、雨樋、サッシ、ダクトなど
(2) 軟質ポリ塩化ビニル：文房具、長靴、雨合羽、バッグやケースの表装材、壁紙、ラップフィルム、ホース、電源コードなど

一方で、以下のような短所もある物質である。

短所１　低温の時、衝撃に強くない
短所２　常用耐熱温度が摂氏六〇〜八〇度で、他の汎用プラスチックよりも低い
短所３　軟質ポリ塩化ビニルは、長く使用していると、含有している可塑剤が製品の表面に滲み出てきたり、揮発したりすることもある

ポリ塩化ビニルは、汎用プラスチックの中で、工業的に最も長い歴史を持つ物質である。ポリ塩化ビニルを日本で初めて製造・販売したのは、後に水俣病で有名になるチッソ株式会社（当時は、日本窒素肥料株式会社）で、一九四一年のことであった。一九五〇年代に入ると、生産方法も新しくなり、ポリ塩化ビニルの工業生産が始まった。一九五九年には、ポリ塩化ビニルの生産量は一七万九〇〇〇トンとなり、世界第二位の生産国となった。この後、生産量は急増し、十年後の一九六九年には一〇〇万トンを超えた。オイルショックなどで生産量が減った年もあったが、その後も増え

続け、一九九〇年には二〇〇万トンを超え、一九九七年の二六〇万トンでピークを迎えた。それ以降は、ポリ塩化ビニルの生産量も製造する企業も減少してきた。企業の海外移転、公共投資の減少、ダイオキシンや環境ホルモン問題を受けての代替物質への転換、などの理由からである（塩ビ工業・環境協会「日本の塩ビ工業の歴史」）。二〇一四年十二月末の時点で、ポリ塩化ビニルを製造する主要な企業は七社である。そして、二〇一四年の生産量は、最盛期の約五四パーセントである一四〇万トン弱となっている（塩ビ工業・環境協会「塩ビ樹脂生産出荷実績表（暦年）」）。

東ソー（株）は、一九三五年に東洋曹達（ソーダ）工業株式会社として設立された。南陽事業所は、山口県周南市の南部にあり、瀬戸内海に面している。東ソー（株）の事業所の中でも、古い歴史を持つ主力工場である。そして、敷地面積は三〇〇万平方メートル（東京ドーム約六四個分の広さ）あり、単一工場としては日本最大級の広さである（東ソー株式会社「南陽事業所」）。東ソー（株）の主要な生産品の一つに、ポリ塩化ビニルの原料となる塩化ビニルモノマーがある。塩化ビニルモノマーは、

(1)　無色透明で、独特の臭いがある
(2)　沸点がマイナス一三・三度であるため、常温では気体の状態である
(3)　可燃性で、引火性もきわめて高い高圧ガスであり、熱すると爆発のおそれもある
(4)　発がんのおそれもあるため、作業では吸入しないよう防護も必要である

という特徴を持つ物質である（職場のあんぜんサイト「塩化ビニル」）。

塩化ビニルモノマーを製造する企業は、国内に五社あるが、東ソー（株）の生産能力は第一位で

ある。南陽事業所には、第一から第三まで、三つの塩化ビニルモノマー製造施設があり、合計一二〇万トンの生産能力があった（それぞれ年間二五万トン、五五万トン、四〇万トン）。塩化ビニルモノマーを製造するにあたって、最後の工程が「塩化ビニルモノマー精製工程」である。この工程には、主に三つの設備が利用されている。

(1)　塩酸塔

塩化ビニルモノマー、塩化水素（HCl）、一・二‐ジクロロエタン（EDC）の混合物から、塩化水素が蒸留分離される。分離された塩化水素の大部分は、ガスのまま最初の工程に送られ、塩化ビニルモノマーの原料として利用される。一方、分離された塩化水素の一部は冷却され、塩酸塔還流槽に溜められ、塩酸（HCl液）として、塩酸塔で利用される。

(2)　塩ビ塔

残った塩化ビニルモノマーと一・二‐ジクロロエタン（EDC）の混合液は、塩ビ塔に送られる。塔頂から塩化ビニルモノマーが、塔の底から一・二‐ジクロロエタン（EDC）が取り出される。蒸留分離された塩化ビニルモノマーは、製品となる。

(3)　液塩酸一時受タンク

塩酸塔還流槽の塩酸を一時的に保管するためのタンクで、通常は、何も入っていない。長期停止時、または、緊急停止時の一時保管先として利用される。

二〇一一年十一月十三日の午後三時十五分頃、一番高い生産能力を持った、第二塩化ビニルモノマー製造施設の液塩酸一時受タンクから、白煙が噴き上がった。そして、午後三時二十四分頃、塩酸塔還流槽付近で爆発が二回起き、火災が発生した。約十二時間前の午前三時三十分過ぎに、緊急時用の圧力調整弁が故障したため、プラントを全て停止して、対応作業をしている最中の出来事であった。この故障が原因となり、塩化ビニルモノマー、塩化水素（HCl）、一・二-ジクロロエタン（EDC）の塩酸塔への供給量が変化した。そして、本来は塩酸しか入っていない塩酸塔還流槽に、塩化ビニルモノマーが混入した。塩酸と塩化ビニルモノマーは、鉄さびなどの触媒があると、発熱を伴う化学反応を起こす。作業員に、この化学反応の危険性に関する知識が不足していたため、数時間放置してしまった。その結果、槽内の温度や圧力が急上昇し、破裂・爆発したのである。この爆発の衝撃で、プラント内のタンク、機器、ポンプ類が損壊した。周辺のプラントでも、爆風、延焼、飛来物による損壊があった。この事故で、東ソー（株）従業員で、第二塩化ビニルモノマー製造施設の保安主任者一名が犠牲となった（東ソー（株）「南陽事業所　爆発火災事故報告書」）。

この爆発・火災事故の影響は、広大な事業所の敷地内だけにとどまらなかった。爆発時に塩化水素ガスが漏えいしたため、午後五時過ぎから、周南市と下松市にまたがって建っている事業所の周辺住民に対して、屋内待機要請をおこなった。塩化水素ガスが検知されなくなるまで、事業所の敷地境界や市街地で、何度も計測がおこなわれた。屋内待機要請が解除されたのは、翌十四日の午前七時のことであった。そして、爆発発生から丸一日以上経った午後三時三十分に、周南市消防が鎮火宣言を出した。また、事故から五日経った十八日に、発がん性を持つ塩素化合物である一・二-ジクロロエタン（EDC）が、排水口から周辺の海域に流出していたことを発表した（ニュースリリース（二〇一一年十一月十八日））。

この事故を受けて、東ソー（株）は、全ての塩化ビニルモノマー製造施設の稼働を停止した。事故から約半年後の二〇一二年五月八日、関係行政官庁の承認を受けて、第一塩化ビニルモノマー製造施設の稼働を再開した（ニュースリリース（二〇一二年五月九日））。そして、同年七月八日、第三塩化ビニルモノマー製造施設の稼働も再開した（ニュースリリース（二〇一二年七月八日））。また同年十一月一日には、第三塩化ビニルモノマー製造設備の生産能力を、二〇万トン増やす計画であると発表した（ニュースリリース（二〇一二年十一月一日））。二〇一四年末の時点で、東ソー（株）の塩化ビニルモノマー生産能力は、年間一一〇万四〇〇〇トンである（塩ビ工業・環境協会「生産能力」）。

事例五　日進化工（株）群馬工場での爆発事故（二〇〇〇年）

事例三と四は、国内の大規模な事業所で発生した化学災害であった。しかし、化学物質を扱っているのは、大規模な事業所ばかりではない。そして、日本においては、大規模な事業所よりも中小規模の事業所の数の方が圧倒的に多い。ここからは、規模のそれほど大きくない化学工場で起きた化学災害の事例を見ていく。

二〇一五年版の『中小企業白書』によると、日本には三八六万四〇〇〇社の企業があり、四六一四万人が従業員として働いている。その中で、大企業は一万一〇〇〇社で、僅か〇・三パーセントを占めるに過ぎないが、全従業員の約三〇パーセントにあたる一三九七万人が働いている。そして、中小企業は三八五万三〇〇〇社あり、三二一七万人が働いている。

では、中小企業とは、どのような企業のことを指しているのだろうか。中小企業基本法第二条の定義によると、業種ごとに異なるものの、「資本金が最大で三億円以下、または、従業員数が最大で三百人以下の会社及び個人」を指す。その中で、「卸売業、小売業、サービス業では、従業員数が五人以下、製造業その他の業種では、従業員数が二十人以下」のものは、小規模事業者に分類される。この定義をもとに、中小企業を「中規模事業者」と「小規模事業者」に分けると、その内訳は以下のようになる。中規模事業者は五一万社あり、二〇二五万人が働いている。そして、小規模事業者は三三四万三〇〇〇社あり、一一九二万人が働いている。

日本は、他国の文化や先進技術から学んで消化し、精密精巧な製品を開発して輸出してきた「ものづくり」の国である。私たち消費者の手に届くのは、最終的に完成した製品であるが、数多くの部品が組み合わされてできたものである。したがって、それぞれの部品にも製造、加工のプロセスがある。中小企業は、個々の事業者の規模は小さいながらも、その事業者にしかできない独自の技術を持つことで「ものづくり」に大きく貢献している。例えば、「ものづくり」のまちとして有名な、東京都大田区を見てみよう。大田区は、東京二三区の中で一番面積の広い区であり、人口約六九万三〇〇〇人が暮らしている（大田区「大田区の人口及び世帯数」）。その大田区には、二〇〇八年の時点で大小約四三六二の工場がある。その約半分である二一八二の工場は、従業員が三人以下で、残りの二一八〇の工場は、従業員が四人以上である（平成二十四年　大田区の工業「結果の概説」）。そして、これらの工場の多くは、金属の切削、研磨、メッキなど、一つの加工を専門に請け負っているという（大田区「大田のまち工場」）。二〇一二年の工業統計調査の結果では、従業員が四人以上の工場は、二一八〇カ所から一六二八カ所にまで減っているが、東京都内の市区町村の中で一番多い。東京都内の工場の一一・六パーセントが大田区にある計算になる（平成二十四年　大田区の工業「結果の概説」）。

ここまで見てきたような工場の多くは、従業員数からも分かるように、敷地面積もそれほど大きくなく、住宅地の中で操業していることが多い。つまり、私たちが生活を営む住宅地と工場との距離が、非常に近いのである。大田区では、

(1)　振動や騒音が、できるだけ周辺に出ないように配慮する

(2)　外観も住宅地に合わせておしゃれにする

という工夫をしているという（大田区「住工調和」）。

それに加えて重要なのは、「火災・爆発事故に対する備え」である。工場が扱う物と量、作業内

容によって、起きうる事故も異なるが、住宅地と工場の混在地域で事故が起これば、その被害や影響が、周辺の住宅やその住民にダイレクトに及ぶからである。これから見ていくのも、住宅地に近い場所で操業していた工場で発生した化学災害の事例である。

日進化工（株）は、一九五三年に創業した化学薬品会社である。一九六〇年からは、群馬県尾島町（現在の群馬県太田市）の、国道一七号線と国道三五四号線に挟まれた土地に工場を建て、操業を始めた。日進化工（株）は、操業当初からヒドロキシルアミン類の生産販売をおこなってきた。ヒドロキシルアミン類は、医薬品や農薬の原料として利用される物質で、以下のような特徴を持つ。

(1)　白色の結晶で、水やアルコールによく溶ける

(2)　蒸気は、眼や気道を強く刺激し、大量に吸引した場合には、死に至る危険もある

(3)　腐食性が強い

これらの特徴から、ヒドロキシルアミンは、毒物及び劇物取締法の「劇物」に指定されていた（図解でわかる危険物取扱者講座「ヒドロキシルアミン」／職場のあんぜんサイト「ヒドロキシルアミン」）。

日進化工（株）は、従業員三〇名の中小企業ではあったが、技術力は高かった。一九八〇年代に入ると、不純物である鉄イオンの含有量を一ppb（一〇億分の一）以下にした「高純度ヒドロキシルアミン五〇パーセント水溶液（以降、高純度水溶液）」の製造を開始した。こちらは、半導体洗浄剤の原料として利用されるもので、日本で製造していたのは、日進化工（株）のみであった。

「高純度水溶液」を製造する時、通常の「ヒドロキシルアミン五〇パーセント水溶液」に含まれる

鉄イオン四〇～六〇ｐｐｂを、再蒸留塔で除去する工程を経る。二〇〇〇年六月十日の午後六時八分頃、再蒸留塔が爆発を起こした。ヒドロキシルアミンは、

(1)　水溶液の濃度が高いほど危険

(2)　水溶液の温度が高いほど危険

(3)　鉄イオンなどの濃度が高いほど危険

とされている。今回のケースでは、長期間の運転の中で、配管の中に鉄イオンが徐々に蓄積して高濃度になったことが原因と見られている。この爆発で、再蒸留塔は完全に損壊し、工場内のその他の建物も損壊した。そして、蒸留作業を担当していた従業員四名が犠牲となった。負傷者は五八名で、そのうち五四名は周辺住民であった。工場周辺は交通の要衝であり、店舗や住宅が多かったため、工場の外にも多大な物的被害をもたらした。まず、爆風で建物二棟が全壊し、五棟が半壊した。これら七棟は、爆発の中心から半径二〇〇メートル以内に建っていたという。そして、爆発の中心から一五〇〇メートル離れた民家を含む二八六棟で、窓ガラスが割れたり、家屋の一部が損壊したりした。車両などの損壊も五〇件近くあった。また、爆発に伴って発生した火災で高圧線が断線し、二四九世帯が停電したり、電話線の損傷で、四七回線が一時不通になったりした。鎮火が確認されたのは、爆発発生から約五時間後の午後十一時十分であった。また、近くを流れる石田川では、魚の死体が大量に発見されたため、十一日の午前二時二十分に水道取水停止の措置が取られた。

先に述べたように、ヒドロキシルアミンは、毒物及び劇物取締法上の「劇物」指定を受けていた

が、爆発の危険性の方はあまり注目されていなかった。しかし、この事故の約一年半前にアメリカのヒドロキシルアミン製造工場で爆発事故が起き、二〇〇〇年六月に日進化工（株）の工場で起きた。そのため、二〇〇一年に消防法が改正され、ヒドロキシルアミンが消防法による危険物第五類（自己反応性物質）に追加された。そのことで、、ヒドロキシルアミンを一定量以上取り扱う製造所や貯蔵所は、以下のような基準を満たす必要も出てきた。

(1)　住宅や施設などから、最低五一・一メートル以上の距離を取ること
(2)　事業所を塀や土盛りで囲うこと
(3)　温度や濃度の上昇を防ぐこと
(4)　危険な反応を防ぐこと

このように、法律改正で規制が強化され、なおかつ、周辺住民の理解を得られなかったこともあり、日進化工（株）群馬工場は、ヒドロキシルアミン製造を再開できず閉鎖された。

事例六　（株）シバタテクラムでの爆発・火災事故（二〇一四年）

私たち人間は、どのような物質で構成されているのか、考えたことがあるだろうか。成人は体重

の約六〇パーセント、子どもは体重の約七〇パーセントが水分で、残りは筋肉や骨などの固体である。これらを、さらに小さい元素の単位で見てみたらどうだろうか。体重七〇キログラムの大人で考えてみよう。一番多い「酸素」が、四五・五キログラム（六五パーセント）ある。次の「炭素」が一二・六キログラム（一八パーセント）である。そして、「水素」が七・〇キログラム（一〇パーセント）、「窒素」が二・一キログラム（三パーセント）、「カルシウム」が一・〇五キログラム（一・五パーセント）、「リン」が〇・七キログラム（一パーセント）とつづく。人体を構成している多量元素は、ここまで挙げた六種類の元素であり、これらだけで全体重の九八・五パーセントを占めている。そして、次に多いのは、以下の五つの元素である。「硫黄」が一七五グラム、「カリウム」が一四〇グラム、「ナトリウム」、「塩素」、「マグネシウム」がそれぞれ一〇五グラムある。これら五つの元素は、少量元素と呼ばれている。これら多量元素と少量元素の計一一種類で、全体重の九九・四パーセントになる。残りの〇・六パーセントには、鉄、フッ素、ケイ素、亜鉛、マンガン、銅、セレニウム、ヨウ素などの元素が含まれており、微量元素と呼ばれている。私たちの体を構成している物質の中には、それぞれの量は少ないながらも、鉄、亜鉛、マンガン、銅、カルシウム、カリウム、ナトリウム、マグネシウムといった多くの金属が含まれていることが分かる。

私たち人間の歴史をさかのぼってみると、昔から、装飾品、農耕道具、武器、生活用品など、金属を様々な形で利用してきた。しかし、当時利用していた金属は、銅、青銅、鉄、金、銀、鉛など、ごくごく少数に限られていた。現在、私たちが利用している金属の大部分は、この約二百年の間に見つかったものである。

マグネシウムも、そのうちの一つである。一八〇八年に、イギリスの化学者H・デービーが発見した。元素の周期表では十二番目に出てくる、原子量は二四・三一の金属元素である。先に述べたように、マグネシウムは、人体を構成する少量元素の一つである。人間以外の動物や植物も含め、体内で有機物を作り出す「生合成反応」や、「代謝反応」をおこなう際に、マグネシウムは欠かせない。また、カルシウムとともに、「骨の健康を維持する」働きもある。しかし、私たちの体は、マグネシウムを作り出すことができないので、食事で摂取しなくてはならない。一日に摂取が必要なマグネシウムの量は、成人男性で三二〇～三七〇ミリグラム、成人女性で二六〇～二九〇ミリグラムと言われている。精製・加工していない食品全般に含まれているが、特に多いのは、大豆製品、ナッツ類、魚介類、海藻である。マグネシウムが不足すると、骨粗しょう症、神経疾患、心疾患などのリスクが高まると言われているが、逆に、サプリメントの利用などで過剰に摂取すると下痢を起こし、体内に吸収されずに排泄されてしまう（国立健康・栄養研究所「マグネシウム解説」）。

また、マグネシウムは、工業の場面で多く用いられている金属でもある。その他の金属と比べても、優れた点が多い。まず、マグネシウムの比重は、実用金属の中では最も軽い一・七である（アルミニウムの比重は二・七、鉄は七・九）。他にも、

⑴　振動をよく吸収する

⑵　切削抵抗が小さく、短時間で切削加工できる

(3)　衝撃を受けても、くぼみにくい
(4)　時間が経っても、温度が変わっても、寸法の変化が小さい
などの特徴を持つ（日本マグネシウム協会「マグネシウムの基礎知識：特性」）。

一方、
(5)　空気中の水分だけで、自然発火することがある
(6)　火災を防ぐためには、密栓して保存する必要がある
など扱いに注意が求められる物質でもある（図解でわかる危険物取扱者講座）。

一八〇八年の発見の後、十九世紀の終わり頃から商業生産されるようになった。第一次世界大戦をきっかけにして、マグネシウムの需要が伸び、一九三九年には世界全体で三万二八五〇トン生産されるようになった。そして、二〇一二年の時点では、世界全体で八六万六三〇〇トンが生産されている（日本マグネシウム協会「マグネシウムの基礎知識：歴史」）。マグネシウムは、アルミニウムや亜鉛を加えて、マグネシウム合金として使われることが多い。主として、製品の軽量化を目的にしており、

(1)　自動車部品：ステアリングホイール、エンジンブロックなど
(2)　電子機器部品：パソコン、携帯電話など
(3)　福祉用品：杖、車椅子など
に使用されている（日本マグネシウム協会「マグネシウムの基礎知識：用途例」）。

二〇一四年五月十三日の午後四時十分頃、東京都町田市で操業していた（株）シバタテクラムで爆発・火災事故が起こった。（株）シバタテクラムは、マグネシウムやアルミニウムなどの金属加工をおこない、パソコン基板を製作している会社である。工場は、JR横浜線の成瀬駅から東へ一キロメートルほど離れた住宅街に建っており、神奈川県横浜市にも近い。出火当時、二二人の従業員が作業中であったが、飛び散った火花が、保管してあったマグネシウムに引火したために起きたのである。工場近くに暮らす住民にも届くような爆発音がして、住宅のガラスも揺れるほどであったという。

住民からの通報を受け、消防が現場に駆けつけ、消火活動を開始した。しかし、マグネシウム火災であることを把握しないまま放水を始めたため、火は爆発的に燃え広がってしまった。通常の火災と異なり、金属火災の場合には、砂を用いて消火活動をしなくてはならなかったのである。火の勢いと充満した煙のため、現場周辺は立ち入りが規制され、外出も控えるよう呼びかけられた。また、自宅に戻れなくなった工場付近の住民約三〇人が、町田市の体育館に避難した。初動対応を間違ったため、工場の地上二階、地下一階の耐火造の建物、約一三〇〇平方メートルが全焼し、工場長が犠牲となるなど、合計八人の死傷者が出た。そして、最終的に鎮火できたのは、約一日半経った五月十五日の午前六時三十八分であった。

網の目が二ミリメートルのふるいを通過するような、粉末状のマグネシウムは、消防法上の第二類危険物（可燃性固体）に指定されている。粉末が空気中を浮遊していると、着火しやすく、粉じん爆発を起こす危険性が高くなるからである。（株）シバタテクラムは、二〇一二年に町田消防署の立ち入り検査で、マグネシウムなどの危険物を保管する場合は届け出るよう指導を受けていたが、届け出ていなかった。仮に、消防が、「この工場で起きた火災には、放水してはいけないこと、砂で消火活動すること」を把握していれば、人的被害も少なく、鎮火までの時間も短くできたはずである。この爆発・火災事故を受け、東京消防庁は、二つの対策を開始した。まず、管内の一二三九の事業所に対して、立ち入り検査を始め、「マグネシウムなどの保管状態」や「定期的な避難訓練の実施状況」などについてチェックした。そして、事故から約一年が経過した二〇一五年四月に、金属火災だけでなく、電気火災、油火災に対しても使うことができる、新型の消防車両を導入した。

労働安全衛生総合研究所の調査によると、火災や爆発の原因となった粉じんで多いのは金属粉で、その中でも特に、アルミニウムとマグネシウムであるという（八島正明「金属の火災と爆発の危険性」）。

この事例と同じマグネシウム火災は、岐阜県土岐市での前例がある。二〇一二年五月二十二日、土岐市にあるマグネシウムのリサイクル工場で、敷地内に積んであった一〇〇トン以上のマグネシウムが燃える火災が起きた。工場は森林に囲まれ、周辺に住宅がなかった。そして、火事の発生が午前二時過ぎで付近に人もいなかった。そのため、工場と倉庫約二一〇〇平方メートルを焼いたが、犠牲者、負傷者ともに出なかった。しかし、放水による消火活動ができず、鎮火したのは六日後の五月二十八日だった。

事例七　(株)寶組勝島倉庫での爆発・火災事故(一九六四年)

物流とは、大まかに言うと、原材料や製品が、生産者・製造者から利用者・消費者に届けられるまでの移動のことである。「輸送」だけでなく、「保管」、「荷役」、「包装」、「加工」などの活動や、これらに関する「情報処理」も物流に関わってくる。この中で、「保管」に関係する仕事が倉庫業である。民間企業としての倉庫業の始まりは、一八八七(明治二十)年に開業した有限責任東京倉庫会社(現在の三菱倉庫株式会社)だと言われている。しかし、倉庫の歴史は古い。日本では、「高床式倉庫」が縄文時代に登場しており、穀物を保存する倉庫として普及したのは、弥生時代である。静岡県の登呂遺跡や佐賀県の吉野ヶ里遺跡のものが有名である。また、食料以外の物の保存という点で言えば、東大寺の正倉院も宝物を保管する倉庫なのである(山清倉庫「倉庫の歴史」／サカタウエアハウス「ロジスティクス・レビュー」)。

倉庫業法第二条の定義によると、倉庫とは、物品を保管するための「工作物」や「何らかの工作を施した土地や水面」のことである。私たちが、倉庫という言葉からイメージする建屋型のものだけではないことが分かる。以下に見るように、倉庫は、保管する物や設備によって細かく分類されている（日本倉庫協会「倉庫業について」／国土交通省北海道運輸局「営業倉庫の種類」）。

(1)　一類倉庫

一定以上の床と外壁の強度、防水性能、防湿性能、遮熱性能、耐火・防火性能を有していなければならない。日用雑貨、繊維、紙・パルプ、電気機械などを保管する倉庫

(2)　二類倉庫

一類倉庫が備えるべき要件の中で、耐火・防火性能が不要。デンプン、塩、肥料、セメントなどを保管する倉庫

(3)　三類倉庫

一類倉庫が備えるべき要件の中で、防湿性能、耐火・防火性能などが不要。湿気に強く、燃えにくいガラス類、陶磁器、鉄材などを保管する倉庫

(4)　野積倉庫

柵や塀、鉄条網で囲まれた区画で、日光や雨風による影響をほとんど受けない鉱物や木材、レンガや瓦などを保管する倉庫

(5)　水面倉庫

波で品物が流失しないような措置が講じられたもので、原木を保管する倉庫

(6)　貯蔵槽倉庫

いわゆるサイロやタンクで、袋に入っていない小麦やトウモロコシなどの穀物、糖蜜など

液状の貨物を保管する倉庫

(7)　危険品倉庫

消防法が指定する危険物や、高圧ガスを保管する倉庫

(8)　冷蔵倉庫

農畜水産物の生鮮品や加工品など、常時、摂氏一〇度以下で保管することが望ましい品物を保管する倉庫

(9)　トランクルーム

家財、書籍など個人の財産を保管する倉庫

(株)寶組は、第二次世界大戦後、東京都品川区勝島で倉庫業を開始した。勝島は品川区の南東部に位置し、東京湾岸地域を埋め立ててできた人工島である。勝島は、一九五〇年にできた大井競馬場と倉庫群で有名な町であった。また、羽田空港と都心を結ぶ首都高速道路一号線も、羽田空港と浜松町駅を結ぶ東京モノレールも、勝島を通っている。(株)寶組の約四〇棟の倉庫は、勝島に所有する、二万平方メートルを超える敷地(東京ドーム約半分の広さ)の中に建っていた。野積みの状態で、ニトロセルロース(硝化綿とも言う)のドラム缶を約一二〇〇本、アセトンやアルコール類が約四〇〇〇本、また、倉庫内には石油ドラム缶を約八〇〇本、葉タバコ、雑貨類など多種の品物を保管していた。

一九六四年七月十四日の午後九時五十五分過ぎ、（株）寶組の倉庫で爆発・火災が起こった。敷地内に野積みしてあった、ニトロセルロース入りのドラム缶が自然発火し、アセトンやアルコールなどに引火し、爆発したのである。この当時、消防署では、まだ現役で火の見やぐらが使われており、午後十時頃に発見して直ちに出動した。消防隊員が到着した時には、ニトロセルロース入りのドラム缶が破裂して周辺に飛び散る、という小爆発が断続的に起こっていた。これらの物質は危険物だったため、化学消防隊も投入し、陸地側と東京湾側の双方から消火活動にあたった。そして、懸命の消火活動の結果、約一時間で火勢が弱まった。

ところが、もう間もなく鎮圧できそうに思われた午後十時五十六分頃、再度爆発が起きた。今度は、延焼した倉庫（敷地西側の第一二号倉庫）の中に、無許可で二トン以上保管されていた、メチルエチルケトンペルオキシドが爆発したのである。高さ一〇〇メートルにも達する火柱が上がり、大きなキノコ雲も現れた。また、爆発の中心には、深さ一メートル以上のクレーターができていたという。この爆風の衝撃で、第一二号倉庫のみならず周辺の倉庫も損壊した。飛び散った外壁の下敷きになったりして、消火活動中だった消防関係者のうち一九名が犠牲となり、九二名の負傷者が出た。その他に、警察官や報道関係者ら二五名も重軽傷を負い、負傷者の合計は一一七名にのぼった。倉庫一五棟が全焼し、二棟が半焼、八棟が部分焼だった。当時の値段で約五五億円の損害が出たとされる。翌十五日午前一時三十八分に鎮火したが、残火処理まで終了したのは同日午後二時だった。

このような甚大な人的・物的被害を出したのには、幾つか理由がある。

(1) 危険物を無許可で貯蔵していたこと
消防法では、危険物を保管する場合、届出が必要だが、(株)寶組は怠っていた。
(2) 許可されている量をはるかに超えて、危険物を保管していたこと
敷地内には、推定で法定量の二万倍以上保管されていた。
(3) 消火活動時に適切な情報提供がなされなかったこと
消防関係者は、第一二号倉庫に保管されているのは缶詰である、と従業員から聞かされていた。そのため、「危険物の爆発可能性」について考慮せずに、第一二号倉庫のすぐ近くから消火活動をしていて、至近距離から大爆発の衝撃を受けたのである。

ニトロセルロースと樟脳を混ぜると、セルロイドができる。セルロイドは、初期のキューピー人形やピンポン玉、映画のフィルムとして使われていた。しかし、とても燃えやすく、当時は、セルロイドの自然発火事故なども多かった。特に六月にそのような火災が多かったために、東京では、六月二十日を「危険物安全の日」と定めていた。しかし、この爆発・火災事故を受け、事故発生日である七月十四日を「危険物安全の日」に変更した。また、消防法も改正された。

(1) これまでは、消防職員が調査に入れるのは、「製造所、貯蔵所及び取扱所」に限定されていたが、その権限を「指定数量以上の危険物を扱う場所」にまで拡大した。
(2) 火災現場で、対処に必要な情報提供を求める権限を、消防関係者に付与した。
大きく変わったのは、これら二点である。

二〇一二年の時点で、倉庫業を営む事業所は、全国に九四二六カ所ある（総務省統計局「平成24年経済センサス」）。化学工場で起きた事故より数は少ないものの、倉庫での化学災害も世界各地で起こっている。工場の外にまで何らかの影響が出たものを幾つか挙げてみる。一九九九年十二月三日、グアテマラのサントトマスデカスティジャで、化学肥料倉庫が爆発事故を起こしたのもその一例である。この事故で、一五名の犠牲者、約六〇名の行方不明者、八〇名の負傷者が出た。また、二〇〇三年三月十三日、神奈川県小田原市の、潤滑油など自動車関連の製品を保管する倉庫で火事が起きた。スプレー缶の爆発もあったため、倉庫周辺の二〇世帯、約八〇人が一時避難した。また、二〇一三年四月二十四日、静岡県静岡市の物流倉庫で、断熱材や包装フィルムなどが燃える火事が起こった。消防車二三台が出動し、約五時間後に鎮火した。炎や黒煙が高く立ち上ったため、付近の中学校の全校生徒が体育館に避難した。

事例八　大阪大学での爆発事故（一九九一年）

私たちは、化学物質による災害というと、すぐにコンビナートや、特殊な化学物質を扱っている工場で起きるもの、と考えがちである。しかし、化学災害に巻き込まれる危険は、もっと私たちに身近なところにもある。その代表的なものの一つが、小学校、中学校、高等学校、大学などの教育機関や研究機関である。文部科学省の学校基本調査によると、二〇一四年五月一日の時点で、小学校が二万八五二校、中学校が一万五五七校、高等学校が四九六三校、大学（短期大学を含む）が一一三三校ある。少子化の影響で、どのカテゴリーにおいても前年より減っているが、合計で三万七五〇五校ある。

なぜ、教育機関で化学災害が発生する危険性があるのか。それは、各教育機関の理科室や実験室で、様々な化学物質を使用したり、保管したりしているからである。

【危険物】
アセトン、硫黄、エタノール、メタノール、過酸化水素水、硝酸など

【毒物】
水銀、黄リンなど

【劇物】
アンモニア水、メタノール、過酸化水素水、塩酸、硝酸、硫酸など

小中学校の理科・化学教育に必要であるため、各学校で使用されることのある化学物質の一部を挙げた（小学校標準的理科薬品類等一覧）。消防法上の「危険物」、毒物及び劇物取締法上の「毒物」や「劇物」に指定されている物質が、様々あることが分かる。こういった化学物質は、授業で使用する時だけ理科室に置いてあるわけではない。盗難や事故を防ぐために、保管量は最小限にして、

必要な時に購入する、という取り組みもなされているが、各教育機関は、危険な化学物質を保管しているのである。これが、高等学校や大学となれば、学習内容や研究内容がより専門的になるので、取り扱う化学物質の種類や量はさらに増える。

一九九一年十月二日、大阪大学基礎工学部の研究室で、学生たちがプラズマＣＶＤ（Chemical Vapor Deposition：化学気相成長）装置を使った実験をおこなっていた。ＣＶＤ装置とは、以下のような作業をおこなうものである。まず、ＣＶＤ装置に気体状の原料を入れ、プラズマエネルギーを加える（熱エネルギーや光エネルギーを加えるタイプもある）と、原料ガスが化学反応を活発に起こす。そして、化学反応を起こした原料ガスが、基板や半導体などの表面に薄膜を形成する。この薄膜は、ホコリや水などから基板や半導体を守る役割を果たす。

大阪大学の学生たちは、プラズマＣＶＤ装置を使い、半導体を作る実験をしていた。この実験では、モノシランガスが使われていた。モノシランは、可燃性の有毒ガスで、無色だが臭いがある。また、空気に触れると燃えたり、爆発したりするという性質を持った、取り扱いに注意が必要な物質である。災害を起こさないためにも、特に取り扱いに注意が必要なガスとして、高圧ガス保安法において、「特殊高圧ガス」に指定されている。

午後四時頃、学生が、プラズマＣＶＤ装置にガスを供給するため、モノシラン容器のバルブを操作した。モノシラン容器には、モノシランや亜酸化窒素など、原料となるガスの一〇リットルボンベが四本格納されていた。本来、各ボンベには、それぞれの物質の逆流を防ぐための逆止弁がついているのだが、亜酸化窒素のボンベのものは劣化していて、正常に作動しなかった。そのため、亜酸化窒素が逆流し、モノシランガスとの混合ガスを形成し、爆発したのである。この爆風の衝撃で、実験装置や周囲にいた人間が壁に叩きつけられた。また、都市ガスと有機塩素系溶剤に引火し、火災も発生した。四部屋（約三〇〇平方メートル）を焼き、約一時間後に消し止められた。この事故で、大学生と大学院生一人ずつ、計二名が犠牲となり、助手ら五名が負傷した。

高圧ガス保安法は、一九五一年に高圧ガス取締法という名前で制定された法律である。この法律は、高圧ガスによる災害を防止するため、製造、貯蔵、販売、移動、取り扱い、消費、そして、容器の製造や取り扱いを規制している。では、そもそも高圧ガスとは何なのか。簡単に言ってしまうと、一定以上の高い圧力をかけて圧縮、もしくは、液化されたガスのことである。そして、容器保安規則では、高圧ガスの種類によって、以下のように、ボンベの色が定められている。

(1)　酸素ガス：黒色
(2)　水素ガス：赤色
(3)　液化炭酸ガス：緑色
(4)　液化アンモニア：白色
(5)　液化塩素：黄色
(6)　アセチレンガス：褐色

(7)　その他の種類の高圧ガス（アルゴン、窒素、メタン、ＬＰガス、一酸化炭素、塩化水素、モノシランなど）：ねずみ色

モノシランガスが関係した事故は、この事故の前にも何度か起きていた。

(1)　一九八三年十月：宮崎県清武町の半導体工場で発生した漏えいシランによる火災
(2)　一九八九年十二月：東京都小平市の半導体試作室で起きたモノシランガスの爆発
(3)　一九九〇年三月：群馬県高崎市の半導体工場で起きたモノシラン火災
(4)　一九九〇年六月：新潟県青梅町のシラン製造工場で起きたモノシラン漏えい火災

このような、過去の度重なるモノシラン関係の火災・爆発事故に加え、この大阪大学での事故が決定打となり、規制が強化されることになった。大阪大学の事故から二カ月後、当時の通商産業省（現在の経済産業省）は、高圧ガス保安法を改正した。これまでは、どのような物質をどれだけ利用するか、保管するか、については各大学、各事業所の裁量に任されていた。しかし、改正後は、法律で指定された物質を利用する場合、その分量に関係なく、都道府県に届け出ることが義務付けられた。

教育機関、研究機関で発生した事故では、被害が実験室内だけで済む場合も多いが、敷地の外にまで何らかの影響が出たものもある。例えば、二〇〇九年二月三日、島根大学松江キャンパスの環境安全施設で、実験によって出された廃液の中和作業中に硫化水素が発生したケースである。犠牲

者はなく、中和作業をしていた職員の軽傷だけで済んだものの、キャンパス内にいた学生や教職員が避難し、大学周辺の道路が一時封鎖された。また、二〇一二年六月十八日、大阪府池田市にある、産業技術総合研究所関西センター電池実験棟での火災もそうである。ここでは、リチウムイオン電池の研究開発をしていたが、二階の実験室で火災が起こった。この火事で、電池実験棟二階の七〇平方メートルが全焼した。犠牲者も負傷者も出なかったが、周辺住民が一時避難する事態となった。

事例九　渋谷松濤温泉シエスパでの爆発事故（二〇〇七年）

日本は、世界有数の火山国である。しばらく前までは、

(1)　活火山：現在噴火している火山

(2)　休火山：歴史文献などに噴火記録があるものの、現在活動していない火山

(3)　死火山：現在までに噴火記録がない火山

と、火山を三つに分類していた。しかし、火山学の発展によって、人の手による火山噴火の記録がなくても、調査によって噴火の証拠が見つかるケースも出てきた。そこで、火山噴火予知連絡会は、二〇〇三年に、活火山を「概ね過去一万年以内に噴火した火山及び現在活発な噴気活動のある

火山」と、定義し直した（気象庁「活火山とは」）。現在、世界には、一五五一の活火山があり（内閣府『平成26年版防災白書　附属資料一　世界の災害に比較する日本の災害被害』）、その大部分は環太平洋地域に集中している。日本には、その七・一パーセントにあたる一一〇の活火山がある。日本は、世界全体の陸地面積の僅か〇・二五パーセントに過ぎないことを考えると、日本に活火山が集中していることが分かる。

日本に活火山が多く存在していることで、これまでに多くの恵み（光の部分）も、被害（陰の部分）も受けてきた。活火山が多いことの「陰」の部分は、火山の噴火による被害である。特に、二〇一一年三月十一日の東日本大震災以後、各地の活火山の活動が活発化してきている。その代表的な火山活動を挙げてみる。

(1)　御嶽山：二〇一四年九月二十七日の午前十一時五十二分頃、水蒸気噴火を起こした。五八名の犠牲者、五名の行方不明者、六九名の負傷者を出し、戦後最悪の火山噴火被害となった。

(2)　口永良部島：二〇一四年八月三日に、新岳が三十四年ぶりに噴火し、二〇一五年五月二十九日に爆発的噴火を起こした。犠牲者を出すことなく、島民、旅行者など一三七名は、無事に島外に避難した。

一方、火山が多いことの「光」の部分の一つは、地熱エネルギーである。日本の地熱資源量は、アメリカ、インドネシアに次ぐ世界第三位である。しかし、その資源は、まだ有効活用されているとは言えない。日本の地熱発電所は、東北地方と九州地方を中心に一七カ所あるが、その発電量は、国内電力需要の約〇・三パーセントしか賄えていないからである（日本経済新聞）。

もう一つの「光」の部分としては、温泉の湧出が挙げられる。温泉は、痛みや病気に効くような「様々な物質を含むお湯」だけを指すわけではない。温泉法第二条によると、採取時の温度が摂氏二五度以上あれば、「何も含まないお湯」であっても、法律上は温泉に該当する。また、リチウムイオン、炭酸水素ナトリウム、ラドンなど、指定された物質が一種類でも規定量以上含まれていれば、「摂氏二五度未満」であっても、法律上は温泉に該当する。環境省自然環境局の「平成２５年度温泉利用状況」によると、二〇一四年三月の時点で、日本には二万七四〇五の源泉がある（現在利用されていないものも含む）。そして、宿泊施設が一万三三五八カ所あり、温泉を利用した公衆浴場が七八一六カ所ある。そのうち、東京都には、三五の宿泊施設と一二五の公衆浴場があり、都会でも気軽に温泉につかることができる。

東京都渋谷区で二〇〇六年一月から営業していた渋谷松濤温泉シエスパ（以下、シエスパ）も、そういった温泉施設の一つであった。シエスパが営業していたのは、ＪＲ渋谷駅から五〇〇メートルほどの、百貨店やホテル、飲食店、また一般の住宅も立ち並ぶ地域であった。シエスパは、二棟の建物からなる。一つは、入浴施設や飲食店が入った地下一階、地上九階建ての本館で、人通りの多い道路に面していた。もう一つは、温泉くみ上げのポンプやタンク、従業員用の休憩室や更衣室が入った、地下一階、地上一階建ての別館で、本館から奥に入った住宅街の一角に建っていた。別館の下に設置してあるポンプで、地下一五〇〇メートルから温泉をくみ上げ、地下室のタンクに溜めておく。温泉水は、地下のパイプを通って本館に送られ、本館地下にあるボイラーで温められて利用されていた。

二〇〇七年六月十九日の午後二時三十分頃、シエスパの別館で爆発事故が起きた。源泉に含まれているメタンを屋外に排出するための配管が、結露の水で詰まってしまった。そのため、屋外に出て行くはずのガスが逆流し、室内に充満した。そして、装置の制御盤の火花がきっかけとなり、爆発したとみられる。「シエスパ別館」は、鉄筋コンクリート造りの建物だったが、この爆発で屋根や壁が吹き飛ばされ、骨組みしか残らなかった。そして、一階の床が崩落した。爆発した時、別館の一階には女性従業員が五人いたが、そのうち三人が死亡し、二人も負傷した。爆発の衝撃で、「シエスパ本館」では地震感知器が作動して、エレベーターが停止した。「シエスパ本館」にいた従業員五人も、耳や目などの痛みを訴えた。この爆発事故の被害は、シエスパ施設の外にも及んだ。まず、爆発時に近くを通行中だった男性一人が火傷を負った。爆発の衝撃で、「シエスパ別館」のコンクリートやガラスは、半径七五メートル以上の範囲にわたって飛び、周辺のビルや住宅の窓ガラスを割った。また、天井板の崩落、家の中の物が落下するなどの影響は、半径一二〇メートルの範囲にも及んだ。この爆発事故で、建物二八棟、車両一二台に被害が出た。

この爆発事故は、以下に挙げるような不備が重なって起きた。

(1)　メタンは、空気より軽い可燃性ガスで、無色透明、無臭であるため、ガス検知器でなければば漏れたかどうか判定できない。しかし、シエスパは、ガス検知器を設置していなかった。

(2)　くみ上げた温泉から分離されたメタンなどのガスは、排気管を通じて屋外に排出されるが、結露した水で塞がれていたために逆流し、室内に充満した。本来、建設会社がシエスパ側に、定期的に結露した水を抜く必要があることを伝えておくべきであったが、説明していなかった。

(3)　可燃性ガスを扱う施設では、換気が重要であるが、常時稼働ではなかった。

この爆発事故を受けて、温泉法が改正された。温泉法は、もともと、

(1)　温泉の保護

(2)　温泉の利用の適正

が目的の法律であったが、この事故の後には、

(3)　温泉の採取などに伴って発生する、可燃性天然ガスによる災害の防止

が、新たに温泉法の目的として加えられた。そして、ガス警報設備を設置したり、携帯型ガス検知器で毎日点検をおこなうことが義務化されたり、井戸の掘削時の安全対策が強化された。

また、温泉の採取時の安全対策としては、

(1)　温泉水から可燃性天然ガスを分離する設備を設置する

(2)　可燃性天然ガスの排気口は、地面や床面から三メートル以上の場所に設置する

(3)　可燃性天然ガスの発生設備の周囲は、関係者以外立入禁止、火気厳禁とする

(4)　可燃性天然ガスの発生設備が屋内にある場合、一時間に一〇回以上換気できる能力のある換気設備を、二十四時間稼働させる

などが定められた（環境省自然環境局パンフレット）。

ここまで九つの事例を見てきて、

(1)　化学災害が発生した時の社会的影響が大きいこと
(2)　化学災害が、どのような工場でも起こりうること
(3)　化学災害は、化学工場だけで起きるわけではないこと
(4)　私たちが手にする製品は安全なものでも、原料は安全とは限らないこと

などを実感してもらえただろうか。

化学災害の多くは、消防法上の危険物施設で起きている。そして、化学災害の原因物質も、

(1)　消防法上の危険物
(2)　毒物及び劇物取締法上の毒物や劇物
(3)　高圧ガス保安法上の高圧ガス

であることが多い。ここで、事例の中で、該当部分しか触れられなかった、消防法上の「危険

物」と毒物及び劇物取締法上の「毒物」や「劇物」について、簡単にまとめておきたい。

一九四八年に制定された消防法は、

(1)　火災を予防すること
(2)　国民の生命や財産を、火災から守ること
(3)　火災のみならず、地震などの災害の被害を軽減すること

以上の三点を主な目的にしている。

危険物は、物質の性質によって六つのカテゴリーに分類されている。人間や他の動植物、生態系への有害性や毒性よりも、火災や爆発の起きやすさにウエイトが置かれている。保管できる量も、物質ごとに定められている。また、保管場所についても、他の施設などから何メートル離すべきか、という点まで細かく指定されている。

第一類危険物　酸化性固体

その物質自体は燃えず、他の物質を酸化させる。可燃物と混合した場合、激しい燃焼を起こさせる。例：塩素酸塩類、無機化酸化物など

第二類危険物　可燃性固体

着火しやすい個体、または、摂氏四〇度未満で引火しやすい個体。例：硫化リン、硫黄、

マグネシウムなど

第三類危険物　自然発火性物質および禁水性物質

空気にさらされると、自然に発火する物質。水と接触すると可燃性ガスを発生させたり、発火したりする物質。例：カリウム、ナトリウムなど

第四類危険物　引火性物質

引火性の液体。何度で引火するのか、という引火点の違いによって、第一石油類から第四石油類まで、さらに細かく分類されている。例：ガソリン、灯油、メタノールなど

第五類危険物　自己反応性物質

加熱分解などによって、低めの温度で熱を発生したり、爆発的に反応が進んだりする固体または液体。例：ニトロ化合物、ヒドロキシルアミンなど

第六類危険物　酸化性液体

その物質自体は燃焼しない液体であるが、他の可燃物の燃焼を促進する。例：過酸化水素、硝酸など

一方、毒物及び劇物取締法は、一九五〇年に制定された法律である。医薬品と医薬部外品以外の化学物質で、急性毒性を示すものが毒物や劇物に指定されている。毒性の強い順に、

(1)　特定毒物：モノフルオール酢酸、四エチル鉛、リン化アルミニウムなど

(2)　毒物：クラーレ、ストリキニーネ、ニコチン、水銀、ヒ素など
(3)　劇物：ヨウ素、硫酸、硝酸、過酸化水素、塩酸、メタノール、ナトリウムなど
と定められている。

毒物及び劇物取締法では、これら指定した化学物質を、保健衛生上の見地から、取り扱いを規制している。まず、毒物や劇物の製造・輸入・販売が認められているのは、登録業者のみである。万が一、相応の設備のない所で事故が起こったり、犯罪に使用されたりすると、大きな影響があるので、紛失や盗難を防止するための措置も講じなくてはならない。

危険物施設は、指定された数量以上の危険物を取り扱ったり、貯蔵したりする施設として、市町村長などの許可を受けた製造所、貯蔵所、取扱所のことである。現在、危険物施設での事故は、どれくらい起きているのだろうか。『平成26年版　消防白書』によると、二〇一三年一年間に、危険物施設での爆発・火災は一八八件、危険物の流出は三七六件で、合計五六四件あった。危険物施設の数は、この二十年間ほどずっと減り続けていて、二〇一四年三月三十一日の時点で四二万八五四一カ所ある。逆に、事故の発生件数は、増加傾向にある。特に、二〇〇〇年代に入って五〇〇件を超えてからは高止まりしている。化学災害を起こす可能性のある施設が減れば、本来は、それに比例して、化学災害の発生件数も減っていなければならない。しかし、このデータは、化学災害の危険性は以前より高まっていることを示している。なぜだろうか。鈴木拓人は『ＮＫＳＪ‐ＲＭレポート六九』で、以下の四つの点を指摘している。

(1) 熟練技術者の大量退職による技術伝承の不足
(2) 設備管理・保全業務のアウトソーシング化
(3) 生産ラインの省力化や高度なシステム化
(4) 設備の経年劣化による老朽化、メンテナンスコストの削減

今回取り上げた事例のほとんどは、人間のミスによって起きたものである。事故を防ぐために、人員やコストを費やすことは、グローバル化による国際競争が激しい中では厳しい部分もあるだろう。しかし、一回事故が起こった時の、

(1) 事業者自身の損害（人的被害、設備、操業停止命令、損害賠償）の大きさ
(2) 周辺住民や環境に与える影響や被害の大きさ

から考えれば、安全面に万全を期し、最大限の人員やコストを投入することは重要なことである。

第二章　自然災害に伴う化学災害

第一章では、化学工場、倉庫、教育機関、温泉施設で発生した爆発・火災事故の事例を見てきた。これらの事例のほとんどは、人間のミスや不作為によって起きたものであり、何らかの形で防ぐことも可能な事故だったとも言える。しかし、化学災害は、いつでも単独で発生するとは限らない。自然災害が引き金となって、化学災害が発生することもあるのだ。この章では、そのような事例を三つ取り上げる。これらを見れば、日本は、世界有数の自然災害大国であるから、自然災害に伴う化学災害にも注意が必要だ、ということが分かるだろう。

この章では、大地震や津波に伴って発生した化学災害の実例を選んだ。まず、戦後の復興や工業化が進む中で、これまでとは異なった被害を出したことで知られている、一九六四年の新潟地震のケースを取り上げる。そして、発生から四年以上経過した現在でも、まだ記憶が鮮明な二〇一一年の東日本大震災の中から、宮城県気仙沼市のケースと千葉県市原市のケースを取り上げる。

事例一　新潟地震による昭和石油(株)新潟製油所の原油タンク火災(一九六四年)

第二次世界大戦の敗戦から約二十年、「もはや戦後ではない」と言われてから約十年、日本は復興を成し遂げ、高度経済成長期に入っていた。エネルギー革命が起こったのも、この頃である。それまでは、石炭が主要なエネルギー源であり、石炭の国内生産量は、一九四〇年の五六三〇万トンには及ばないものの、戦後は、一九六一年の五五四〇万トンがピークとなった(石炭エネルギーセンター「日本の石炭生産・需給」)。それ以降は、主要なエネルギー源が石油に替わった。

復興の一つのシンボルとしての東京オリンピックを、約四カ月後に控えた一九六四年六月十六日の午後一時二分、日本海側を中心とした広い地域に、マグニチュード七・五の大地震が襲った。山形県酒田市、新庄市、新潟県新潟市などが、最大震度五を記録した。そして、新潟市には二・三メートル以上の津波が押し寄せた。一番高い津波を記録したのは、上海府村(現在の新潟県村上市)で、三・九メートルだった。この頃になると、オリンピックを開催する東京のみならず、地方でも都市化が進んできており、鉄筋コンクリートを用いたアパートなども建てられるようになっていた。この地震では、新潟市や酒田市で、当時ほとんど知られていなかった液状化現象が発生し、鉄筋の建物が傾いたり沈んだりした。そして、以下に述べるように、大規模な化学災害を引き起こした地震としても有名となった。

化学災害の現場となった昭和石油（現在の昭和シェル石油株式会社）新潟製油所は、旧工場が一八万四八〇〇平方メートル、新工場が三二万二三〇〇平方メートルの広さだった。海沿いの低地にあり、敷地の一部は海抜ゼロメートル地帯にかかっていた。

この地震で、旧工場では、ガソリンタンクからガソリンが噴出し、重油や軽油なども、破損したタンクや配管から流出した。新工場には、原油タンクが五基、製品タンクが一〇基設置されていた。この原油タンクは、円錐形をした固定屋根を付けるものではなく、屋根が原油の液面に浮いている浮屋根式のタンクだった。浮屋根式だと、貯蔵してある原油の蒸発を少なくして、タンクの安全性を保つことができるというメリットがある。一方で、容器が揺れた場合、その振動を受けて、中の液体も大きく揺れるスロッシング現象が生じてしまうデメリットもある。特に、地震の際には、スロッシング現象によって、頂部に受ける衝撃と側面の壁にかかる圧力が問題となる。この新潟地震では、製油所内の地盤が液状化現象を起こし、一基の原油タンク（一一〇三原油タンク）が傾き、激しく揺れた。一一〇三原油タンクには、原油が満量保管されていて、原油が上部から流出し始めた。また、地震の揺れによって、浮屋根が側壁にぶつかり、火花が発生した。四回くらい揺れた時に、流出していた原油に着火した。その後まもなく、その他の四基の原油タンク（一一〇一、一一〇二、一一〇四、一一〇五原油タンク）も火災を起こし、タンクとタンクヤードが激しく燃えた。原油タンクの上には、消火剤ボンベも常備されていたが、火災の広がりの速さや火の勢いのために使用できなかった。製油所の敷地は、液状化現象によって噴き出した地下水と、襲ってきた津波で、五〇センチメートルほど浸水していた。その状態のところに、流出した原油が広がったため、火も製油所全体に燃え広がった。消火作業は難航し、四基の原油タンクは一週間以上燃え続け、六月二十四日の午前十時に鎮火した。最初に着火した一一〇三原油タンクは、約二週間燃え、六月二十九日の午後五時に鎮火した。

この火災は、製油所の外も襲った。製油所からはとんど離れていない地区の住宅は、火災が発生してすぐに延焼した。また、製油所から二〇〇メートル以上離れている地区でも、地面が低く、傾斜もあったため、炎上した原油が流れ込んで火災となった。そして、四地区合計で二八六棟の周辺住宅が全焼した。

事例二　東日本大震災による気仙沼市屋外貯蔵所タンクの火災（二〇一一年）

二〇一一年三月十一日の午後二時四十六分、三陸沖を震源とするマグニチュード九・〇の東日本大震災が起きた。宮城県栗原市は、この地震の最大震度である震度七を記録し、震度六強の揺れは、東北地方の太平洋側から北関東にいたる多くの市町村を襲った。また、震源地から陸地までそれほど離れていなかったので、揺れてからほとんど間をおかずに、大津波が押し寄せてきた。東北地方の太平洋側は、リアス式海岸と呼ばれる入り組んだ地形が多いため、津波も複雑な動きを見せた。例えば、気仙沼市本吉町中島では、約二一メートルの津波が観測された。この地震は、未曾有の被害をもたらした。東日本大震災による犠牲者は、一万九〇〇〇人を超え、負傷者も六〇〇〇人以上出た。二〇一五年三月一日現在、行方不明者も二六〇〇人以上いる。地震は、人的被害のみならず多くの物的被害ももたらした。全半壊した建物は四〇万棟以上、一部破損した建物は七六万棟を超えた（消防庁災害対策本部「東日本大震災について」）。

そして、押し寄せてきた津波は、福島県にある福島第一原子力発電所の事故をもたらした。この事故によって、福島県双葉町や浪江町などの住民が、地震そのものとは異なる理由で避難しなくてはならなくなった。東日本大震災から丸四年以上が経過したが、いまだに自宅に帰れない住民も多くいる。

原子力発電所の事故のインパクトがあまりにも大きかったために、そこまで注目されてはいないが、東日本大震災は、数多くの化学災害も引き起こしていた。大地震と大津波の襲った範囲が広域にわたっているため、化学災害の発生も、東北から関東の各地に広がっている。この地震で被害を受けた危険物施設は、三三四一カ所にのぼった。そのうち、地震の揺れによる被害を受けたのは一四〇九カ所で、津波による被害を受けたのは一八二一カ所であった。そして、火災が四二件発生し、危険物の漏えいが一九三件起きた（西晴樹「危険物施設の被害」）。その中でも、宮城県気仙沼市で起きた火災は、特に大きな化学災害であった。

気仙沼市は、宮城県の北東の端にあり、北は岩手県陸前高田市に接しており、東は太平洋に面している。午後二時四十六分の地震では、気仙沼市赤岩で震度六弱、気仙沼市笹が陣や本吉町で震度五強の揺れを記録した。そして、二十五分後の午後三時十一分に、津波の第一波が襲って来た。気仙沼市の朝日町と潮見町には、容量が一〇〇キロリットル以上の大型屋外タンクが二三基設置されていたが、そのうち二二基が流された。これらのタンクには、四種類の油が貯蔵されていた。その内訳は、ガソリンタンクが二基（一五三五キロリットル）、軽油タンクが三基（一九五八キロリットル）、灯油タンクが四基（四九八キロリットル）、そして、重油タンクが一三基（七五三〇キロリットル）であった。流されている間に、合計一万一五二一キロリットルもの油が流出した。

午後五時三十分頃、気仙沼湾の海上において出火した。津波で破壊され、流されていった建物の瓦礫なども、油の周辺に大量に漂っており、これらにも着火したために、火災は拡大した。暗闇の中で、海が激しく燃えているニュース映像を記憶している読者も多いだろうが、燃えた油と瓦礫は、海上で火の帯を形成した。午後六時頃に襲った津波によって、この火の帯は陸地に運ばれ、気仙沼市の複数の地区で大きな火災となった。本震から三時間以上経っても、津波が襲ってきていたため、火災の発生は分かっていても、消火活動に入れなかった。翌十二日になって、ポンプ車やヘリを使って、陸と空から消火活動を開始したが、鎮火までには一週間以上要した。三月二十日の午後二時半頃の鎮火までに、一〇万三一九九平方メートルが焼失し、林野も二万二二一二アール焼損した。

後にタンクが発見された時には、タンクの周辺やタンクの内部に、油は残っていなかった。この広域火災で燃えてしまったと思われる。

事例三　東日本大震災によるコスモ石油㈱千葉製油所のLPGタンク火災（二〇一一年）

二〇一一年三月十一日の午後二時四十六分に発生した東日本大震災では、震源地からある程度の距離があった関東地方でも大きく揺れた。千葉県市原市にあるコスモ石油千葉製油所一帯は、震度五弱を記録した。この事業所は、液化石油ガス（LPG）を貯蔵している施設であった。本震時には、事業所内の三六四番タンクの支柱の筋交い部分が壊れた。この三六四番タンクは、地震が起きた時には点検中であり、空気を抜くために水が注入されていた。そのため、支柱の筋交い部分に、タンク設計時に想定していたものより大きな負荷がかかってしまい、破断したのである。この時点では倒壊は免れたが、次に来た地震で倒壊した。午後三時十五分、茨城県沖を震源とする震度四の地震が起き、三六四番タンクの支柱が座屈し、タンク本体が倒れた。この事業所には、LPGのタンクは一七基あったが、全てのタンクが倒れた。タンクが倒壊したことで、タンクに接続していた配管が外れ、そこからLPGガスが漏れ出した。そして、この拡散したLPGガスに着火し、火災が発生した。三六四番タンクに隣接していたタンクが、この火災の影響で爆発を起こし、火災↓延焼↓タンクの爆発というサイクルで被害が大きくなっていった。この事業所で発生した火災は十日間続き、三月二十一日になって鎮火した。この事故のため、六人の負傷者が出た。そのうちの一人は重傷であった。火災・爆発の規模から考えると、犠牲者がいなかったのは幸いであった。

この火災・爆発事故では、先に述べたLPGタンクの倒壊だけでなく、隣接して建っていたアスファルトタンクの損壊、アスファルトの流出、周辺工場の車両や建屋の破損といった被害も引き起こした。そのため、周辺住民に対して避難勧告が出され、一時約一〇〇〇名が避難した。この住民は、「地震」が起き、このような「化学災害」が発生したから避難の必要性が出てきた人たちである。私たちの暮らす場所の近くで、化学工場が稼働している場合、「自然災害」によって引き起こされるかもしれない「化学災害」にも注意が必要なのである。

◇◇

日本における地震の被害は、地震による建物の崩壊・破損よりも、火災によって引き起こされるものの方が大きいと言われている。薬品などの化学物質が出火原因となっているケースは、地震によって起きる火災の約二〇パーセントを占めているから、決して低い数字ではない。多くの場合、保管してある様々な種類の化学物質が混ざること、水分を近づけてはいけない化学物質に水がかかること、などによって発火しているという（東京都環境局『化学物質を取り扱う事業者のための震災対策マニュアル』八三ページ）。

また、地震によって、以下のようなことが起こりうる（前掲書三ページ）。

(1)　化学物質のビンやボンベが、破損したり転倒したりする、もしくは、棚ごと倒れる

(2)　化学物質が漏えいする

(3)　人間が、漏えいした化学物質そのものに触れたり、吸引したりする

(4)　漏えいした化学物質が混じり合い、反応することで、有毒なガスが発生する

(5)　漏えいした化学物質が空気や水に触れることで、発熱・発火する

この章で取り上げた三つの例の他にも、地震に伴って起こった化学災害の報告は、まだ幾つもある。発生から二十年が経過した阪神淡路大震災では、大阪府と兵庫県の事例が報告されている。例えば、神戸市や西宮市の大学や中学校では、保管していた化学物質に関係した火災が発生したという。地震発生の時間によっては、被害状況が大きく変わっていたことも考えられる（前掲書四ページ）。

ここで私たちが忘れてはいけないのは、自然災害は地震や津波だけではない、ということである。例えば、

(1)　大雨による洪水や土石流が、化学工場を襲った場合

(2)　台風や竜巻といった強風の通り道に、化学工場があった場合

(3)　火山噴火による火山灰で、化学工場の機器が正常に作動しなくなった場合には、爆発、火災、漏えいといった化学災害のきっかけになりうるのだ。

現在の私たちの科学技術力では、自然災害の襲来を止めることはできない。また、いつ、どこに、どの自然災害が、どのくらいの規模で発生するのか、一〇〇パーセントの予知はできない。であるならば、「自然災害に伴って起こる化学災害を、できるかぎり引き起こさない」、そして、「化学災害が万が一起きてしまったら、被害を最小限に抑える」ことに力を注がなくてはならない。

そのために、工場や化学物質を管理する側は、

(1)　化学物質の保管量を最小限にして、量と場所を把握しておく

(2)　化学物質が漏えいしないよう、ビンやボンベの転倒や落下を防ぐ

(3)　もし、化学物質が漏えいしても、他の物質と混ざらないように置き場所を工夫する

(4)　化学物質が漏えいした時に、すぐ気付けるよう、漏えい検知器を設置する

といった対策を講じるべきである。

第三章　輸送中の化学災害

　私たち個人に身近な「輸送物」と言えば、まず「手紙」が挙げられる。電子メールの普及で、以前より減ってはいるが、年賀状を出した経験のある人は多いだろう。郵便局やポストに投函された手紙は、届け先に近い郵便局まで運ばれ、そこからそれぞれの家に配達される。二〇一四年度には、日本郵便は約二二〇億三五六二万通（個）の郵便物を届けている（日本郵便「引受郵便物」）。また、「小包や荷物」も私たちに馴染みの深い輸送物である。家族と離れて暮らす人は、故郷の味覚を送ってもらったことがあるかもしれない。最近では、インターネットショッピングの発達によって、自分の暮らす地域に関係なく、欲しい品物が簡単に手に入るようにもなった。一九八〇年度に取り扱われた宅配便は、四四〇〇万個であったが（全日本トラック協会「身近なトラック輸送」）、二〇一三年度には三六億三六六八万個にまで増えた（国土交通省「宅配便」）。そして、「私たち自身」も輸送されるものであることを忘れてはいけないだろう。自宅以外の場所で仕事をしている人たちは、勤務先と自宅を往復しているはずだ。徒歩、自転車やバイクのような二輪車、乗用車やトラックのような四輪車、バスや列車などの公共交通機関が、人や物の輸送に使われている。二〇一三年度の自動車による輸送人員は、約六一億五三〇〇万人（国土交通省「自動車」）で、鉄道による輸送人員は約二三六億一〇〇〇万人（国土交通省「鉄道」）であった。

私たち個人と同じように、企業も物品を輸送する。現在の日本は、「大量消費社会」である。大量消費社会は、同時に、大量生産社会であり、大量廃棄社会であり、大量運搬社会でもある。

そして、これらは、

大量生産→広域輸送→大量消費→大量廃棄

とつながっている。広域輸送の場面だけでなく、どのステップにおいても絶対に欠かせないのが物の移動である。つまり、大量消費社会は、「運搬」によって支えられているのである。

(1)「大量生産」段階

エネルギー源である石油や天然ガスをはじめ、多くの原材料が、外国から日本へ運ばれて来る。日本へ到着した後は、全国各地の製造工場へと運ばれる。

(2)「広域輸送」段階

完成した製品は、全国各地の卸問屋や小売店へと運ばれる。

(3)「大量消費」段階

店舗から購入された製品は、各消費者の家に運ばれる。

(4)「大量廃棄」段階

使用済みの製品は廃棄物となり、ゴミ集積所から埋め立て処分場や焼却場へ運ばれる。

物の一生を大雑把に見てみると、原材料、製品、廃棄物と名前を変えながらも、たえずどこかへ運ばれていることが分かる。この移動に使われるのが輸送機関である。代表的なものは、陸路の自動車と列車、空路の航空機、海路の船舶の四種類である。この章では、今挙げた輸送機関それぞれについて、輸送中に起こした化学災害の事例を見ていく。トラックについては、一般道路での事故と高速道路での事故を一つずつ取り上げた。

事例一　西宮市国道でのタンクローリー横転爆発事故（一九六五年）

日本語の単語が、そのまま英語として通用するものといったら、テンプラ、スシ、トーフ、カラオケ、ハラキリなど、日本の文化を代表する言葉が思い浮かぶだろう。その中に「過労死(karoshi)」があることを知ったら驚くだろうか。Oxford English Dictionary には、十年以上も前から定義が載っている。日本でも、近年、「ブラック企業」で働く従業員の過酷な状況が、ニュースで頻繁に取り上げられるようになり、過労死や過労自殺に対しても、やっと一般の目が向くようになってきた。しかし、日本人の長時間労働の問題は、今に始まったものではないことは、経済協力開発機構（OECD）の統計を見れば分かる。先進七カ国の中で、一年間の労働時間が一番短いのはドイツである。現在、日本人の労働時間は、年間一八〇〇時間を下回っているものの、ドイツ人より約四〇〇時間も長い。しかし、第二次世界大戦後の高度経済成長期には、日本の労働者は、年間二二〇〇時間を超えて働いていた。それ以降しばらくは、二一〇〇時間前後で推移し、二〇〇〇時間を下回ったのは、一九九〇年代に入ってからであった。長時間労働は、私たちの心や体に対して、様々な悪影響を及ぼすことも指摘されている（黒田祥子、山本勲『労働時間の経済分析』）。過労死や過労自殺は、その最悪のケースであるが、「集中力の低下」、「疲労の蓄積」、「休養時間や睡眠時間の短縮」なども代表的な例である。特に、運輸業や郵便業に携わる労働者は、他の業種に比べても労働時間が長い（総務省「労働力調査」）。この傾向は、昔も現在も変わっていないようである。

一九六五年十月二十六日の午前三時過ぎ、五トン積みのタンクローリーが、兵庫県西宮市の国道で横転事故を起こした。運転手が居眠り運転をしていて、ハンドル操作を誤ったためである。ここまでなら、年間数万件起きている交通事故の一件に過ぎない。しかし、このタンクローリーは、LPガスを積んで走っていた。数時間前の十月二十五日午後七時頃、兵庫県神戸市東灘区の車庫を出発したタンクローリーは、和歌山県有田市にある燃料工場へ向かった。距離にして百数十キロメートル、約五時間後の、日付が二十六日になった頃に燃料工場に到着し、LPガスを五トン積み込んだ。そして、休憩もほとんど取らずに、午前〇時五十分頃に出発したが、帰る最中だった午前三時過ぎに事故を起こしたのである。

タンクローリーが西宮市の国道を走っていた時、自分の車の右側から、前を横切ろうと車両が出てきたことに気づき、左にハンドルを切った。しかし、左側の車線には別の軽四輪車が走っていたため、今度は右にハンドルを切った。急に左と右にハンドルを切ったことで、タンクローリーはひっくり返った。そして、上下逆の状態のまま、国道の上を滑っていき、橋の支柱にぶつかった。積載タンクの側面に一一センチメートルのへこみができた。その範囲は、縦一二〇センチメートル、横六〇センチメートルにわたっていた。また、タンクローリーの上部には、安全弁や計器が付いていたが、これらも破損した。

LPガスが、安全弁や計器の破損した部分から漏れ始め、数分の間に、積まれていたLPガスのほとんどはタンクの外に漏れ出した。LPガスは空気より重く、地面から約一メートルの高さの白い霧を形成して、国道を漂っていった。白い霧は、二〇〇メートルほど国道を流れていき、突然爆発を起こした。この時には、既にLPガスが広範囲に拡散していたために、着火源は特定できなかった。この爆発・火災事故の結果、五名が犠牲となり、二六名の重軽傷者が出た。それに加え、三一棟の家屋が焼けるという物的被害も出た。午前三時過ぎという、多くの人たちが寝静まっている時間帯に起きたこと、交通事故から引火・爆発まで約五分しかなかったこと、などの条件が重なった結果、このような大規模事故になった。

タンクローリーが関係した事故は、主に、

(1)　積み込み中の事故

(2)　走行中の事故

(3)　荷おろし中の事故

の三種類に大別できる。この事故は、タンクローリー走行中に起きたケースとしては、最も古いものの一つである。したがって、再び同様の事故を起こさないよう、幾つかの教訓が引き出された。

まず、運転手の健康管理についてである。そもそも、一人のドライバーが、兵庫県から和歌山県までの往復を、ほとんど休憩時間なしで担当していたことが、居眠り運転を招いた。そこで、二〇〇キロメートルを超える長距離を走る場合は、運転手二名で担当することとなった。また、「高圧ガス取締法施行規則（現在の高圧ガス保安法施行令）」が、この事故から二カ月後の一九六五年十二月に改正された。そこでは、

(1)　移動計画を届出制にする

(2)　移送経路を制限する

(3)　事故が起きても、積んだ危険物が外部に漏れ出さないよう、付属品の強度を上げる、または設置場所を工夫する

などの項目も加えられた。

タンクローリーは、トラックの一種である。トラックは、自分の荷物を運ぶために、個人や団体が所有している「自家用トラック」と、対価を得て、お客の荷物を運ぶ「事業用トラック」に分けられる。事業用トラックは、積載量や形状などにより、さらに細かく分類されている（全日本トラック協会『トラック早わかり』）。

(1)　小型トラック：積載量が二トン以下のトラック
(2)　中型トラック：積載量が四トンクラスのトラック
(3)　大型トラック：積載量が一〇トンクラスのトラック
(4)　特殊な形状・仕様のトラック：ダンプ車、タンクローリー、ミキサー車、塵芥車（ゴミ収集車）、散水車、現金輸送車など
(5)　トレーラ：荷台が大きく、単体のトラックでは運べない大きな荷物を運ぶ

二〇一三年に発生した交通事故は、六二万九〇二一件で、交通事故による死者は四三七三人、負傷者は七八万一四九四人であった。このうち、事業用トラックの交通事故は一万八四九一件で、全交通事故の約三パーセントに当たる（全日本トラック協会『交通事故の傾向』）。ただ、この件数は、上にも述べたような様々な種類のトラックの事故を合計したものである。LPガスや液化酸素、液化天然ガスなどを輸送する、高圧ガスタンクローリーの交通事故に関して見てみると、少し古い数字になるが、グッと減る。二〇〇七年から二〇一一年までの五年間で、一一件の交通事故を起こ

した（高圧ガス保安協会）。年平均で約二件の交通事故が起きていた計算になる。ただ、この章では、「輸送中の」交通事故に限定していることに注意が必要である。「積み込み中の事故」と「荷おろし中の事故」は、同じ五年間で六五件発生しており、全て合わせると七六件になる。すると、今度は、毎月一・二件以上、何らかの事故が起きていた計算になる。

また、輸送していた物質も、ＬＰガス（四件の事故）、液化炭酸ガス（三件の事故）、液化酸素（二件の事故）、液化天然ガス（一件の事故）、酸化エチレン（一件の事故）と、多岐にわたっている。

事例二　東名高速道路でのタンクローリー横転漏えい事故（一九九七年）

フォード社が、Ｔ型フォード車を大量生産することに成功し、車の値段が安くなったことで、多くの人が手に入れられるようになった。アメリカでは、第一次世界大戦後の一九二〇年代には、モータリゼーションが進んだと言われている。一方、日本のモータリゼーションは、アメリカのケースからかなり遅れていた。モータリゼーションが進むためには、自動車の普及とともに、道路網の整備も必要だからである。

第二次世界大戦の終わった一九四五年当時、国内の道路で舗装されていたのは、道路全体の僅か一・二パーセントに過ぎなかった。それまでの日本の輸送は、鉄道が主に担っていたからである。一九五六年に日本道路公団が設立され、高速道路の計画が動き始めた。一九五八年十月から、名神高速道路の建設が始まり、一九六三年七月には、日本初の高速道路として、栗東から尼崎の区間が開通した。その後も高速道路の建設は続き、二〇一三年四月一日時点で、高速道路網は、全国に八三五八・三キロメートル整備されている。高速道路の他に、一般国道（五万五四三二・二キロメートル）、都道府県道（一二万九三七四・九キロメートル）、市町村道（一〇二万三九六二・四キロメートル）がある。これらを合計すると、現在の日本には、計一二一万七一二七・八キロメートルの道路網が整備されていることになる（国土交通省「道路統計年報２０１４」）。

東名高速道路は、首都である東京と中部圏の大都市である名古屋を結び、さらに関西都市圏へ向かう名神高速道路へと繋がっており、交通の大動脈となっている。一九九七年八月五日の午前五時三十分頃、東名高速道路の下り線を、積載重量一二トンのタンクローリーが走行していた。このタンクローリーは、静岡県菊川市付近で、中央分離帯に衝突して横転した。その結果、積載していた塩素系の化学物質である脂肪酸クロライド（ステアリン酸クロライドとも言う）約一〇トンのうち一・六トンが路上に流出した。この時、菊川付近では雨が降っており、流出した脂肪酸クロライドが雨水と化学反応を起こした。この化学反応によって、刺激臭のある有毒な塩化水素ガスが発生した。

事故発生当初は、この流出した化学物質が一体何なのか分からなかった。タンクローリーのドライバーが所持していた書類と、車両に表示されている化学物質名に食い違いがあったからである。

また、事故から約四十分後に、「輸送中の化学物質はクロロホルムである」という連絡が入るなど、情報も錯綜した。そのため、消防の作業が大きく遅れることとなった。前述したように、化学物質が漏えいしたり、火災を起こしたりした場合、通常の事故処理や消火活動では対応できないことが多い。放水することで有毒なガスを発生させたり、爆発につながったりすることがあるため、化学物質名と処理の方法を把握したうえで、作業しなくてはいけないのである。

結局、輸送している化学物質の正しい情報が、出荷元から静岡県の消防本部に届けられたのは、事故が発生してから四時間も後の午前九時三十分過ぎであった。東名高速道路の吉田インターチェンジ（IC）から同菊川ICの間を、上下線ともに通行止めにして、本格的な事故処理が始まった。隊員たちは、ガスマスクを装着して作業にあたった。流出した脂肪酸クロライドがこれ以上広がっていかないように、ビニールシートをかぶせたり、中和剤を散布して路面を洗浄したりした。事故現場ではなかったものの通行止めになっていた上り線は、午後四時三十分頃に通行止め解除となった。そして、下り線は午後九時頃に復旧した。

この事故では、負傷者一人は出したものの、幸いにも犠牲者はいなかった。しかし、交通の大動脈が、約十五時間も通行止めとなっていたことによる経済的損失もあった。また、有毒な塩化水素ガスが大量に発生したということで、高速道路周辺で暮らす住民たちも、半日以上不安な状況におかれたままであった。

このタンクローリー事故を受け、消防庁は「危険物災害情報支援システム」の構築をスタートさせた。これは、災害が発生した時に、消防活動に携わる者が正しく、迅速に作業を進めるために必要な情報を提供するためのデータベースである。それに加え、消防法における危険物、高圧ガス保安法における高圧ガスを輸送する時に、ドライバーが「イエローカード」を携行するようになった。「イエローカード」には、以下に示す情報が記されている（全日本トラック協会『イエローカード』）。

(1)　品名
(2)　輸送中の化学物質を規制している法律（消防法、毒物及び劇物取締法、高圧ガス保安法など）
(3)　特性（危険性、有害性、環境汚染性など）
(4)　事故発生時に取るべき応急措置
(5)　緊急通報先と通報すべき内容
(6)　緊急連絡先（荷主会社や運送会社の住所、電話番号）
(7)　災害拡大を防止するために取るべき措置

「イエローカード」を携行することで、そのタンクローリーが何を輸送しているのか、すぐに分かり、いざという時の初期対応も短時間で始めることができる。

タンクローリーが輸送するものは、事例一で見たLPガス、事例二で見た脂肪酸クロライドなど、取り扱いに特別な注意が必要な物質である。以下のように分類されている（全日本トラック協会『危険物輸送の基本』）。

(1)　危険物

消防法で定められている第一類から第六類までの物質。指定数量以上の危険物を輸送する時は、黒地の板に黄色で「危」と書かれた標識を、車両の前後に掲げなくてはならない。

(2)　高圧ガス

高圧ガス保安法に定められている液化ガス、可燃性ガス、毒性ガスなど。黒地の板に黄色で「高圧ガス」と書かれた標識を、車両の前後に掲げなくてはならない。また、災害発生時の応急措置に使用するための装備を携行する必要がある。

(3)　毒物・劇物

毒物及び劇物取締法で定められている毒物、劇物。指定数量以上の毒物、劇物を輸送する時は、黒地の板に白字で「毒」と書かれた標識を、車両の前後に掲げなくてはならない。

(4)　火薬

火薬類取締法で定められている火薬、爆薬、火工品。昼間は、赤地の板に白字で「火」と書かれた標識を、車両の前後と両側面に掲げなくてはならない。夜は、その標識に加え、赤色灯を車両の前後に付けて走る必要がある。

また、それぞれの物質の特徴に合わせて、輸送方法、使用する容器なども法律で厳しく指定されている。

事例三　新宿駅構内での貨物列車衝突事故（一九六七年）

世界で初めて蒸気機関車による鉄道を走らせ、商業化まで持っていったのは、産業革命を経たイギリスで、一八二五年のことであった。その後、欧米の幾つかの国々が鉄道の建設をスタートさせ、アメリカ、フランス、ドイツなどは、一八三〇年代半ばまでには開業している。その当時の日本は、江戸時代後期で、まだ鎖国を続けていた。日本人が鉄道を目にするのは、諸外国との開国交渉を始める一八五〇年代に入ってからであった。鉄道先進国であったイギリスから技術や資金の援助を受け、一八七二（明治五）年九月、新橋から横浜の区間で日本初の鉄道が開通した。その後、鉄道網の整備が各地に広がり、一九一〇年代の終わりまでには、全国の幹線網がほぼ整った。そして、一九三六年度末には、国有鉄道の開業路線は、総延長一万七〇〇〇キロメートルを超えるに至った。

第二次世界大戦により、線路や車両に大きな被害が出たため、一九四五年度は、鉄道の貨物輸送量は八一四七トンまで落ち込んでいた。この輸送量は、前年度の約半分であり、昭和初期と同程度であった。しかし、一九五〇年に始まった朝鮮戦争をきっかけに、日本も特需景気となり、人も貨物も輸送量が急増した（国土交通省『日本鉄道史』）。一九五九年から大型のコンテナ輸送が始まり、一九六四年度の貨物輸送量は二億六六一万トンに達した。この頃には、鉄道で何が運ばれていたのか。一九六四年度の品目別実績を多い順に四つ挙げると、以下のようになる（国土交通省『昭和41年度　運輸白書』）。

第一位：鉱産品　　（七三六七万トン）
第二位：化学工業品　（四〇三五万トン）
第三位：農産品　　（一六一六万トン）
第四位：林産品　　（一四三九万トン）

ジェット燃料も、この時代、鉄道が輸送していた貨物の一つであった。これは、米軍の航空機が利用する燃料で、米軍基地へ向けて運ばれていた。直方体のコンテナではなく、円柱形のタンク車に入れて運ばれる。東京オリンピックから三年後の一九六七年八月八日（七日深夜）、新宿駅構内で貨物列車同士の衝突事故が起こった。第二四七一貨物列車は、新宿駅の山手貨物線から中央快速下り線の線路へ向かって走り始めていた。タンク車一八両にジェット燃料を積んで、米軍立川基地へ向かうためである。一方、第二四七〇貨物列車は、中央快速上り線の線路を走行してきていた。奥多摩から石灰石を二〇両分積載して、浜川崎へ向かう途中であった。この第二四七〇貨物列車が、停止信号が出ていたにもかかわらず進入してきたため、第二四七一貨物列車の側面に衝突した。

この衝突事故で、第二四七一貨物列車のタンク車四両（三〜六両目まで）が脱線した。衝突の衝撃でタンクが破損し、積載していたジェット燃料が流出し始めた。それに、衝突した時に発生した火花が引火して大爆発を起こし、火災になった。灯油やガソリンを含むジェット燃料が七二トン流出し、炎上したため、事故現場から三〇〇メートルほど離れた一帯まで、あっという間に火の海となった。また、炎は約三〇メートルの高さに達するほどであったという。午前三時二十分頃には鎮火したものの、引火性の高い揮発性ガスが現場周辺に残っていたこと、タンク車に残っていたジェット燃料の処理は、米軍の手を借りなければならなかったこと、などの理由から、完全復旧までに丸一日以上かかった。この結果、八月八日は、中央線をはじめとした列車一一〇〇本が運休となり、二〇〇万人以上の通勤・通学の足に影響が出た。この事故は、第二四七〇貨物列車の運転士が、自動列車停止装置（ＡＴＳ）の警報ベルを確認した後、すぐにブレーキを掛けなかったことによって起きた。ＡＴＳは、既に一九六六年までに国鉄全線に設置されていたが、この事故を受けて、安全性を高める機能が追加されることとなった。

日本国有鉄道は、一九八七年に分割民営化された。

(1)　北海道旅客鉄道株式会社（ＪＲ北海道）

(2)　東日本旅客鉄道株式会社（ＪＲ東日本）

(3)　東海旅客鉄道株式会社（ＪＲ東海）

(4)　西日本旅客鉄道株式会社（ＪＲ西日本）

(5)　四国旅客鉄道株式会社（ＪＲ四国）

(6)　九州旅客鉄道株式会社（ＪＲ九州）
(7)　日本貨物鉄道株式会社（ＪＲ貨物）

人員輸送は地域別に分けられたが、貨物輸送は、ＪＲ貨物一社が担っている。

現在、ＪＲ貨物はどのような物を運んでいるのだろうか。二〇一二年の実績から見てみると、上位五つは以下のようになっている（ＪＲ貨物「環境・社会報告書２０１３」）。

第一位：石油　（六四二万トン）
第二位：食料工業品　（三一〇万トン）
第三位：紙・パルプ等　（三〇一万トン）
第四位：宅配便等　（二〇六万トン）
第五位：化学工業品　（一九四万トン）

貨物の輸送量合計は約三〇〇〇万トンで、先に述べたピーク時の約七分の一である。化学災害に直接つながる可能性のある輸送物としては、第一位の石油、第五位の化学工業品、ランキング外であるが化学薬品（一四〇万トン）が挙げられる。幸いなことであるが、日本国内で貨物列車の関係した事故はそれほど多くない。二〇一三年度の貨物列車の事故は三八件で（旅客輸送に関係した事故は除く）、民営化当初の七九件から半分以下になっている（ＪＲ貨物「安全報告書　２０１４」）。化学災害として取り上げられるべき事故は、外国の事例の方が多い。

例えば、二〇一三年五月にベルギーで、有毒化学物質であるアクリロニトリルを輸送していた列車が脱線し、爆発・火災事故を起こした。アクリロニトリルが気化して周囲に広がったために、周辺住民約五〇〇名が避難したが、一名が犠牲になり、三三名に中毒症状が出た。また、二〇〇九年六月にアメリカのイリノイ州で、エタノールを輸送していた列車が脱線し、火災を起こした。火は、貨物車だけではなく、踏切待ちをしていた自動車にも広がった。事故地点から半径八〇〇メートル以内の約六〇〇世帯の住民が避難した。犠牲者が一名、負傷者が三名出た。二〇〇五年一月には、アメリカのサウスカロライナ州の繊維工場で、敷地内の運搬を担っていた貨物列車が、塩素ガスを運搬中に衝突事故を起こした。塩素ガスは周囲に漏れ、貨物列車の機関士や工場の作業員、周辺住民ら九名が犠牲になり、呼吸器や中枢神経の異常を訴えた者も二四〇名以上いた。避難した周辺住民も五四〇〇名に及んだ。ここでは、三つの例を挙げただけだが、原油の輸送中に起きた事故や、LPガスの輸送中に起きた事故などもある。

事例四　成田国際空港での貨物機着陸失敗事故（二〇〇九年）

人間にとって、空を飛ぶということは、昔からの夢の一つであった。レオナルド・ダ・ヴィンチも、今から五百年以上前に、ヘリコプターに似た航空機の絵を描いていた。気球や飛行船、グライダーなどで空を飛ぶことは、十九世紀までに成功していたが、飛行機によって空を飛ぶことは、一九〇三年のライト兄弟の登場まで待たなくてはならない。その後、飛行時間や飛行距離は徐々に伸びていった。一九一四年から始まった第一次世界大戦では、相手国を攻撃する手段の一つとして、飛行機も利用された。旅客機として多くの人間を乗せて運ぶようになるのは、第一次世界大戦後のことである。安全性は、少しずつ高まってきたものの、高級な乗り物であり、一部の人間しか利用することはできなかった。運賃も下がり、一般の市民も気軽に飛行機を利用できるようになったのは、一九六〇年代以降である。その後、利用客も増え、二〇一四年の時点で、一年間に世界全体で約三二億七〇〇〇万人が旅客機を利用している（日本航空機開発協会「平成２６年度版　民間航空機関連データ集」）。現在の世界全体の人口は約七二億人であるから、全人口の約四五パーセントが、毎年一回飛行機に乗るということである。一方、貨物機の貨物取扱量が、大きく伸びたのは、第二次世界大戦後であった。二〇一〇年には、世界全体の貨物取扱量は、一四六三億二二〇〇万トンキロになった（国土交通省「航空物流レポート」）。

日本の貿易量は、二〇一三年の時点で九億七六〇〇万トン、金額にして一五一兆円であった。そのうち、航空機が担っているのは三〇〇万トンであり、重量で比較すると、〇・三パーセントのシェアしかない。しかし、金額にすると三五兆円分で、二三・三パーセントのシェアがある。では、どのような物を運んでいるのだろうか。二〇一二年十月に出された、国土交通省航空局の「航空物

流レポート」では、

(1)　半製品：機械等の部分品、半導体、化学品などの原料

(2)　産業用機器：半導体製造装置、測定機器など

(3)　家庭・業務用機器：家電製品、パソコン、カメラなど

(4)　貴金属など

(5)　医療用品

(6)　その他：飲食品、日用品など

などが挙げられている。

現在、日本で国際空港と指定されているのは、成田国際（成田）空港、羽田空港、中部国際空港、関西国際空港、大阪国際空港の五つである。二〇一四年一年間に成田空港を利用した人は、約三五五九万人であった。また、二〇一三年には、一九四万一〇〇〇トンの貨物を成田空港が扱った。世界の他の国際空港と比べると、この貨物取扱量は六番目の多さだが、第一位の香港国際空港（四一二万七〇〇〇トン）の半分以下である（成田国際空港「各種データ」／「空港の運用状況」）。

フェデラル・エクスプレス・コーポレーション（フェデックス）のFDX八〇便は、二〇〇九年三月二十三日午前三時過ぎに、中国広東省広州市にある広州白雲国際空港を出発した。目的地である成田空港には、約三時間半後に到着予定であった。FDX八〇便は貨物便で、機長と副操縦士の二人が搭乗していた。午前六時四十八分頃、成田空港のA滑走路に着陸しようとした時に、気流の乱

れや風の強さの影響もあり、バウンドを繰り返した。三回目の接地の際、左側の主翼が破断し、燃料が漏れ出した。そして、FDX八〇便は炎に包まれ、完全に裏返しになって、A滑走路脇の草地に停止した。

一台目の消防車両は、炎上の通報を受けた約一分後には到着し、すぐに消火活動を開始した。成田市の消防車両も、事故から約十分後には現場に到着し、消火活動を開始した。合計四七台の消防関係の車両、一三七人の隊員が出動して作業にあたった。火が出てから約十五分後に、操縦室にいる機長と副操縦士を救出しようと試みるが、熱風や煙の影響で操縦室に入れなかった。進入路を確保するなどして二人を救出できたのは、事故が起きてから約一時間半後のことであった。その後、病院に搬送されたが、二人とも死亡した。

着陸時には、燃料がまだ約二万八〇〇〇リットル残った状態であった。また、貨物の中には、ポリシラザンという、コーティングなどに用いられる可燃性の液体を三七五リットル、エタノールを一五リットル積載していた。午前八時三十分過ぎには鎮火していたが、残火処理が終了し、完全鎮火状態になったのは正午頃であった。この火災で、操縦室、左右の主翼、胴体の一部以外は焼失した。この消火活動では、水成膜泡消火薬剤を五五四〇リットル使用した。

一九七八年五月に開港した成田空港は、空港内で航空機の死亡事故を起こしたことがなかったが、FDX八〇便の事故が初めての事例となった。事故対応のため、FDX八〇便が炎上したA滑走路が閉鎖された。成田空港には、もう一本B滑走路もあるが、A滑走路に比べて全長が短く、大型機の離発着ができない。そのため、国内便・国際便合わせて一〇〇便以上が欠航し、国内の他の空港に到着する便も出た。事故処理が終了してA滑走路の閉鎖が解除されたのは、事故から丸一日以上経ってからであった。

この事故以降に起きた貨物機事故としては、二〇一〇年九月三日にドバイ国際空港近くで発生したUPS（United Parcel Service）の貨物機墜落事故や、二〇一一年七月二十八日に済州島の南西海上で発生したアシアナ航空貨物機墜落事故が挙げられる。

国連は、飛行機に載せてはいけない危険物のリストを作っている（国土交通省「航空貨物の危険物代表例」）。

(1) 火薬類：花火、クラッカー、弾薬など
(2) 高圧ガス：スプレー缶、酸素ボンベなど
(3) 引火性液体類：ライター用オイル、ペイント類
(4) 可燃性物質類：マッチ、炭
(5) 酸化性物質：漂白剤、小型酸素発生器
(6) 毒物類：農薬、殺虫剤、医療系廃棄物など
(7) 放射性物質類
(8) 腐食性物質：液体バッテリー、水銀など
(9) 有害性物質：エンジン、リチウム電池、ドライアイスなど

危険物の輸送に関しては、航空機の場合は、船舶よりも基準が厳しい。先に述べた二つの事故では、どちらのケースも、危険物であるリチウム電池を輸送中であった。

事例五　熊野灘でのケミカルタンカー衝突事故（二〇〇五年）

船舶は、用途によって大きく四つに分類される。

⑴　商船：客船、フェリー、貨物船など
⑵　漁船：トロール船、捕鯨船、漁猟船など
⑶　特殊船：海底ケーブル船、深海調査船、気象観測船など
⑷　艦船：航空母艦、巡洋艦、潜水艦など

この中で、商業的な目的で用いられる船が「商船」と呼ばれているが、何を運ぶかによって区別されている。すなわち、人間を運ぶのが「客船」であり、物品を運ぶのが「貨物船」である。日本は、エネルギー源をはじめ、原材料の多くを外国からの輸入に頼り、完成した製品を輸出している。島国であるため、外国との物品のやり取りは、航空機か船舶でおこなわれるが、この国際的な貨物輸送（外航海運）においては、船舶が圧倒的に優位である。一度に運べる量が、航空機よりも多いか

らである。二〇一三年の日本の輸出入合計は、九億七六〇〇万トンだったが、その九九・七パーセントに当たる九億七三〇〇万トンは、船舶が担っていた（日本船主協会「統計データ2．日本海運の現状」）。

一方、国内での貨物輸送においても、貨物船は重要な役割を果たしている。日本は、北から北海道、本州、四国、九州、沖縄という五つの「本土」と、六八四七の「離島」から成る。そのため、昔から船を使った物資輸送が盛んにおこなわれていた。江戸時代から明治時代にかけて、主に北海道から大阪までを結んでいた「北前船」は一つの例である。陸地の鉄道網や道路網が整備されている現在でも、三億七〇〇〇万トンの貨物を取り扱っている（二〇一二年度）。また、二〇一四年三月末の時点で、五二四九隻の内航船が国内の港と港を結んでいる（日本海事広報協会「日本の内航船」）。海上でも、船舶がよく通航する場所が存在している。三重県尾鷲市沖の熊野灘も、西に行けば大阪港や神戸港、北上すれば、二〇一二年の取扱貨物量ランキング第一位の名古屋港があり（国土交通省「港湾取扱貨物量」）、海上交通の要衝の一つである。熊野灘は、昔から事故の多発地帯としても有名であった。

二〇〇五年七月十五日午前四時を少し過ぎた頃のことであった。夏至から約三週間、もう間もなく日の出時刻を迎えるという時間帯である。旭洋丸（六九七トン）というタンカーは、粗ベンゼンを二〇〇〇キロリットル積載して、四日市港から松山港へ向かっていた。一方、日光丸（四九九トン）は、「石油化学品」やリン酸や硫酸といった「液体の化学物質」を積載して運ぶケミカルタンカーである。化学薬品のクレオソートを一〇〇〇トン積んで、岡山県の水島港から千葉港へ向かう途中であった。

事故当時、この海域には、海上濃霧警報と雷注意報が発令されており、視界は約一〇メートルという状況であった。濃霧の時には、事故を防ぐために、見張りを増やしたり、警笛を鳴らしたりすることが義務付けられている。日光丸は、レーダーで旭洋丸の存在を確認できていたが、その後の対応を誤り、旭洋丸の右側面に衝突した。

衝突によって破損した所から、旭洋丸の積んでいた粗ベンゼンが流出し、炎上した。その後、日光丸にも引火したが、こちらは乗組員の消火活動で消し止められた。旭洋丸には七名の乗組員がいた。事故時、そのうち二人は海に飛び込んだが、一名は死亡し、一名は重傷を負った。残りの五人は行方不明となった。一方、日光丸の五人の乗組員は、ボートで脱出し、近くを航行していた船舶に全員救助された。

ヘリコプターや巡視船を使って、行方不明となった五人の乗組員を捜索した。しかし、先に述べた粗ベンゼンの消火活動も並行して続けられていたこともあり、難航した。十七日になって、特殊救難隊が船内を捜索した時に、五名の遺体を発見した。最終的な鎮火の確認ができたのは十七日の午後六時過ぎであった。約二日半燃え続けていたことになる。二〇〇〇キロリットル積んでいた粗ベンゼンのうち、約六分の一の三四〇キロリットルが流出し、燃えたとみられる。火は消えたものの、「船内に海水が入り込んでいて、沈没の可能性があること」、「有害物質である粗ベンゼンの大部分は、船内に残っていて、再引火、炎上のおそれがあること」、「このまま漂流させておいた場合、陸地に漂着する可能性もあること」などから、船主が沖出しを希望し、七月二十二日に曳航を開始した。そして、翌二十三日の午後六時前に、約一一〇キロメートルの沖合（水深は、四四〇〇メートル）で沈没した。

貨物船は、運ぶ物によって多くの種類がある。代表的なものは、

(1) 重量物船：プラントの部品や、大型の建設機械など、重量物を専門に輸送する
(2) LNG船：LNG（Liquefied Natural Gas：液化天然ガス）を輸送する
(3) チップ専用船：製紙原料となる、木材を細かく砕いたチップを輸送する
(4) ばら積み貨物船：梱包されてない積荷、例えば、穀物や石炭などを輸送する
(5) コンテナ船：生活雑貨や工業製品などを、国際規格のコンテナに収納して輸送する

などである（日本船主協会「海と船のQ&A　Q8．船の種類：船にはどんな種類があるか？」）。世界全体を見ても、日本国内を見ても、原油や石油製品の輸送が多い。そのため、船舶の事故に関しては、

(1) 原油タンカーから、輸送中の原油が流出し、海洋汚染を引き起こす事故
(2) タンカー同士の衝突などによって、燃料が海洋に流出する事故

といった事例が多い（リレーショナル化学災害データベース）。国内の事故ではないが、一九八九年三月にアメリカ・アラスカのプリンス・ウィリアム湾で起こった原油流出事故が有名である。座礁

したエクソン・バルディス号から、原油四万トンが流出し、二四〇〇キロメートルにわたる海岸線が汚染された。環境汚染は深刻で、魚、海鳥や海洋生物にも多大な被害をもたらした。

第三章で取り上げた事例が、第一章と第二章で見た事例と決定的に異なるのは、「化学災害の発生場所が移動する」という点である。一般的に、工場などの操業場所や貯蔵場所は、移転しない限り変わらないので、その施設から遠くにいれば、化学災害が発生した時に受ける被害は小さくなる。しかし、輸送中に起こる化学災害の場合、その原因が向こうから近づいて来ることもあるのだ。各輸送機関が起こす化学災害の中で、私たちが一番注意しなくてはならないものは、事例一で見たような一般道でのケースである。その理由は、大きく二つある。

まず、道路や車両は、私たちの生活圏から一番近い場所にあるからである。道幅のある一般道ならば、大型のトラックやタンクローリーの通行は珍しくないし、普通自動車、バス、オートバイ、自転車もその道路を走り、歩道には歩行者もいる。それに加え、道の両側には住宅や店舗などが建ち並んでいることも多い。このことは、化学災害が発生した時には、より多くの人や物が巻き込まれるということを意味する。

もう一つは、国内の貨物輸送において、車両が担う部分が大きいからである。二〇一三年度の

表1　輸送機関ごとの輸送量

	「トン」ベース	「トンキロ」ベース
トラック	43億4575万3000	2140億9200万
鉄道	4410万1000	210億7100万
船舶	3億7833万4000	1848億6000万
航空機	93万5000	9億6700万

出典：国土交通省　「各種統計」

時点で、国内の貨物はトータルで約四七億六九一二万三〇〇〇トン輸送されている。輸送機関ごとの内訳は表1のとおりである。

左側のトンベースというのは、貨物の重さで比較したものである。トラックのシェアが九一・一パーセントと圧倒的である、続く船舶でさえ八パーセントに満たない。残りの鉄道も航空機も、シェアは一パーセント以下である。右側のトンキロというのは、「輸送した貨物の重さ」に「輸送した距離」を掛け合わせて出す。

（例）

・一〇トン（貨物の重さ）×五〇〇キロメートル（輸送した距離）＝五〇〇〇トンキロ

・一〇トン（貨物の重さ）×一〇〇〇キロメートル（輸送した距離）＝一万トンキロ

上の計算式から分かるように、同じ重さの貨物を運んだとすれば、運んだ距離が長いほどトンキロの値は大きくなる。トンキロベースで比較すると、トラックのシェアは五〇・九パーセントにまで下がり、船舶が四三・九パーセント、鉄道が五・〇パーセントまでシェアを大きくしている。航空機のシェアは、〇・二パーセントに過ぎない。この比較から、船舶と鉄道は、トラックよりも長い距離の貨物輸送をしていることが分かる。

現在、国は、貨物の輸送手段を、トラックから鉄道や船舶に変換していこうという「モーダルシフト」の政策を進めている。

(1)　道路の渋滞の解消
(2)　温室効果ガスの排出量削減
(3)　輸送効率の向上

などを目的にしている。

しかし、先の数字を見ても分かるように、鉄道と船舶の輸送量は増えてきているとはいっても、まだまだである。

トラック以外の輸送機関は、基本的に港、空港、駅の間を結んでいる。しかし、トラックやタンクローリーなどの自動車は、Door to Door サービスで、貨物をピンポイントで届けることが可能である。油田から製油所まで管をつなぎ、石油や天然ガスを輸送するシステムをパイプラインと呼ぶ。日本全国に張り巡らされた道路網は、「目に見えないパイプライン」だと考えることができる。つまり、自動車は、道路というパイプラインを通って、工場から工場へ、工場から販売店へ、危険物や有害物質をも輸送しているのである。私たちの生活圏にも、危険が潜んでいることを意識する必要があるだろう。

第四章　住宅における化学災害

この章で扱うのは、私たちが日々の暮らしを営む住宅での化学災害である。第一章から第三章までに見てきた化学物質名や取扱量から考えると、「私たちの住宅」と「化学災害」が、すぐに結びつかないかもしれない。しかし、一般的には「化学災害」と呼ばれていないが、私たちの身の回りでよく起きる災害があるはずである。それは「火災」である。なぜ、住宅火災を化学災害と考えるべきなのか。

ここでは、その論拠を二つ挙げておきたい。一つ目は、「法律による火災の定義」である。国語辞典（『大辞泉』／『大辞林』）による定義では、化学物質について全く触れられていないため、「住宅火災」イコール「化学災害」とは感じにくいからである。

火災：火事による災難

火事：建造物や山林が、火によって焼けてしまうこと

では、法律では、火災をどのように定義しているのだろうか。消防庁の「火災報告取扱要領」によると、

「人の意図に反して発生し若しくは拡大し、又は放火により発生して消火の必要がある燃焼現象であって、これを消火するために消火施設又はこれと同程度の効果のあるものの利用を必要とするもの、または人の意図に反して発生し若しくは拡大した爆発現象」

が火災である。一九九四（平成六）年の改正時に、「爆発現象」も「火災」に含めることになった。そして、爆発現象とは、

「化学的変化による爆発の一つの形態であり、急速に進行する化学反応によって多量のガス及び熱を発生し、爆鳴、火炎及び破壊作用を伴う現象」

と定義されている。火災は、「燃焼」や「爆発」という化学的反応を含む、という定義からすれば、化学災害の一つに住宅火災を含めて考えても全く問題ないことが分かるだろう。

そして、もう一つの論拠は、「火災による犠牲者の死因」という実際のデータにある。二〇一三年一年間に、火災によって亡くなった人は一六二五人いた（総務省消防庁『平成26年版　消防白書』）。その内訳は、以下に示すとおりである。

- 火傷　五七三人（三五・三パーセント）
- 一酸化炭素中毒・窒息　四九三人（三〇・三パーセント）
- 打撲・骨折など　二人　（〇・一パーセント）

・自殺　　　　三三七人（二〇・七パーセント）
・不明　　　　一五五人　（九・五パーセント）
・その他　　　六五人　（四・〇パーセント）

約三分の一は一酸化炭素中毒死・窒息死であり、火炎ではなく、煙や発生した気体が原因で犠牲になっていることが分かる。

以上の二点から、この本では、住宅火災を私たちに一番身近な場所で起こる化学災害として考えていきたい。そして、この章では、「火災対策を講じた住宅が増え、家の中に化学物質やプラスチック製品が増えたことで、火災による犠牲者が出やすくなった」ことを様々なデータに基づいて明らかにしていきたい。

第一節　火災の発生件数

毎日のように火災のニュース映像を目にするが、日本で一年間にどれくらいの火災が発生しているのだろうか。『平成26年版　消防白書』のデータから見てみよう（次ページ、グラフ1）。

第二次世界大戦後すぐの一九四六（昭和二十一）年、火災の件数は一万四四六〇件であった。戦後復興が進み、一九五五年には、発生件数が二倍以上の二万九九四七件となった。そして、翌一九五六年には、三万件を超えた。一九六〇年には四万三六七九件と四万件を超え、一九六三年に

グラフ1　戦後の火災発生件数の推移

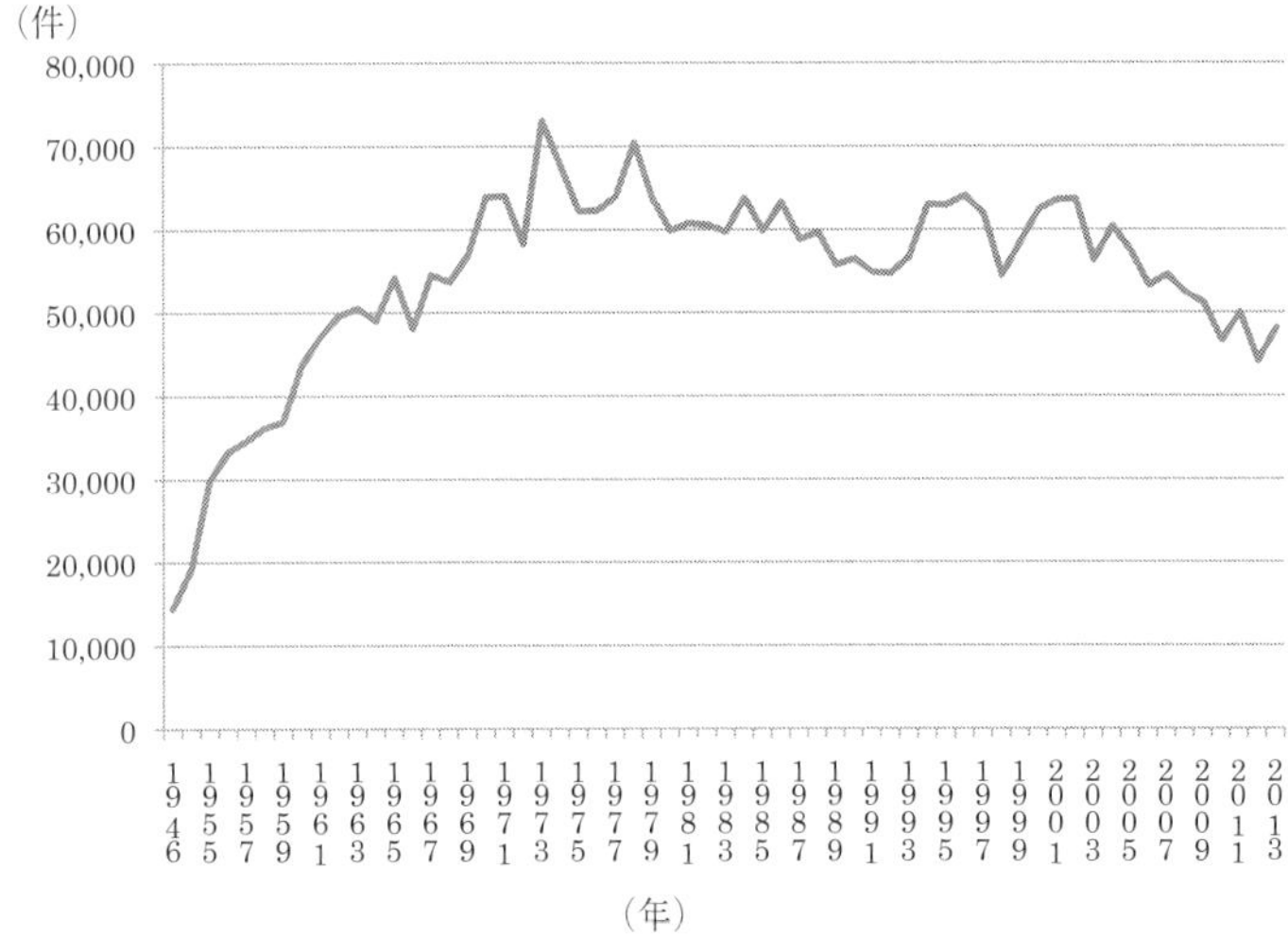

出典：総務省消防庁『平成26年版　消防白書』より作成

は五万件を超えた。多少の増減はあるものの、高度経済成長期を迎えていた一九六〇年代は五万件台で推移していた。一九七〇年に六万三九〇五件と初めて六万件を超え、火災発生件数が一番多かったのは一九七三年で、七万三〇七二件である。七万件を超えたのは、その後一九七八年にもう一度あった。一九八〇年代は、五万五〇〇〇件から六万五〇〇〇件の間で推移してきた。一九九〇年代前半には、五万五〇〇〇件前後に減ってきていた。一九九四年に火災の定義を変更した影響もあるのか、一九九四年から一九九七年までの四年間は、再び六万件を超える発生があった。二十一世紀に入ってからも、二〇〇三年を除いては六万件を超えていた。二〇〇四年は、六万三八七件と最後に六万件を超えた年になり、二〇〇五年以降は、減少傾向にあると言っていいだろう。二〇一〇年には、四万六六二〇件と、四万件台まで減少してきた。そして、最新の二〇一三年は四万八〇九五件と二〇一二年より約四〇〇〇件増えたが、四万件台をキープしている。

一九四六年の火災発生件数を基準にすると、火災が一番多かった一九七三年には五倍以上の火災が、そして、二〇一三年には三・三三倍の火災が発生した計算になる。火災発生件数そのものは、これだけの伸びを示しているわけだが、この数字には注意が必要である。戦後すぐの日本と現在の日本では、人口の規模や住宅の戸数が異なるからである。

火災の発生件数と、人口の推移を考慮して、人口一万人当たりどれくらいの火災が発生したのか、について計算したものを出火率という。「人口一万人当たり」と基準を揃えることで、火災の発生件数を時系列に並べた場合とは違った形で「火災発生件数の増加率」を比較することができる（次ページ、グラフ2）。

一九四六年から、ピークの一億二八〇八万四〇〇〇人に達する二〇〇八年まで、日本の人口は増え続けてきた（国立社会保障・人口問題研究所「人口統計資料集」）。そのため、火災発生件数の実数を比べた時よりも、伸びは抑えられていることが分かる。

一九四六年当時、日本の総人口が七五七五万人で、火災の発生件数が一万四四六〇件あった。したがって、人口一万人当たりの出火件数は一・九件である。火災発生件数の最も多かった一九七三年のケースを見てみると、総人口一億九一〇万四〇〇〇人で、火災発生件数は七万三〇七二

グラフ2　出火率の推移

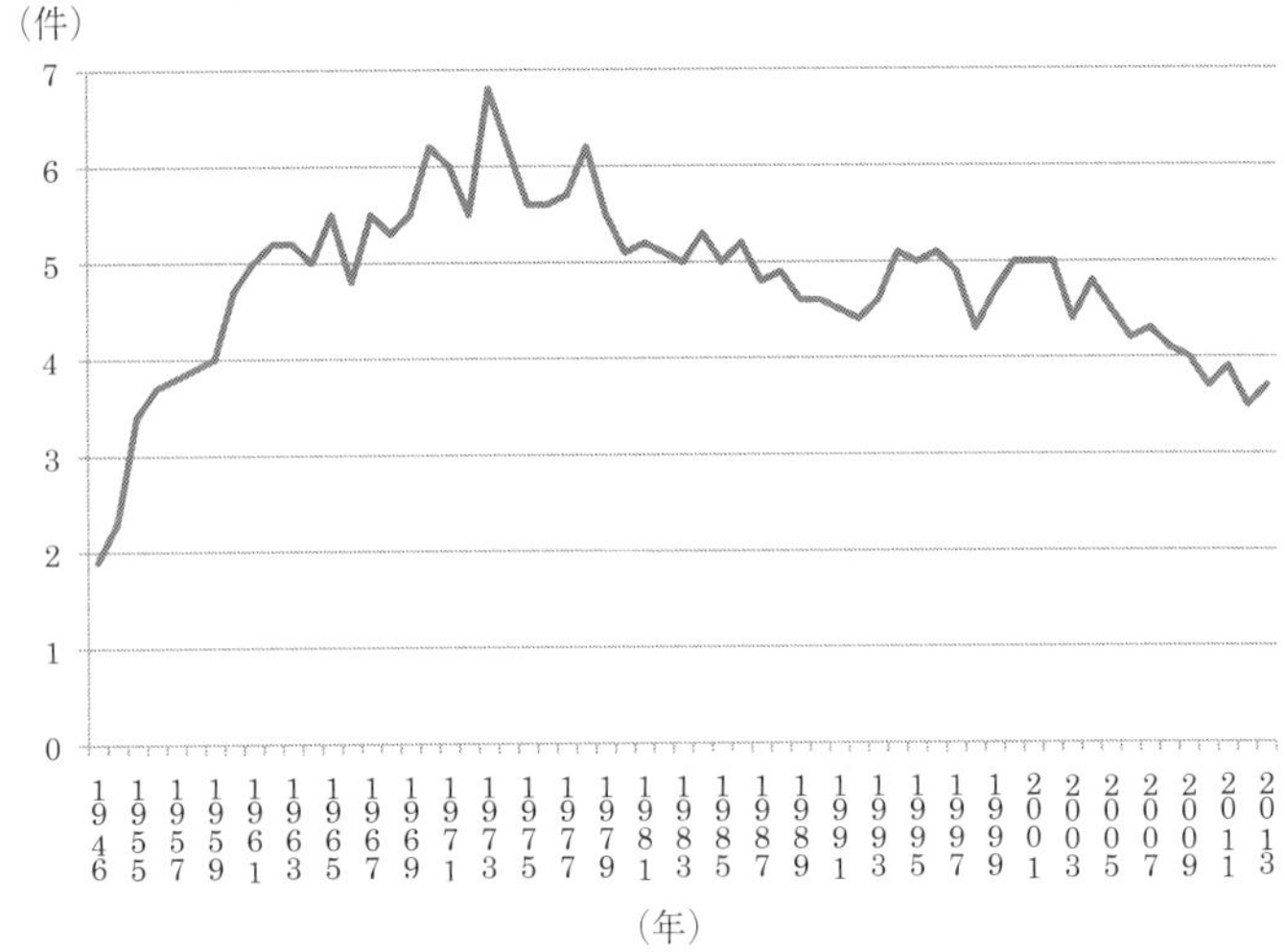

出典：総務省消防庁『平成26年版　消防白書』より作成

件だった。人口一万人当たりの出火件数は六・八件となり、三・五倍以上の火災が発生していたことになる。また、二〇一三年のケースでは、総人口一億二七二九万八〇〇〇人に対し、火災発生件数が四万八〇九五件で、人口一万人当たりの出火件数は三・七件となる。ピークよりは減っているとはいえ、ほぼ二倍の発生件数である。一九四六年当時と比べると、実際に発生した火災の件数だけでなく、人口一万人当たりの出火件数も増えていることが分かる。

第二節　火災による死傷者数

火災では、物的被害だけではなく、人的被害も発生する。火災による死傷者数は、戦後どのように推移してきたのだろう

グラフ3　火災による死者数の推移

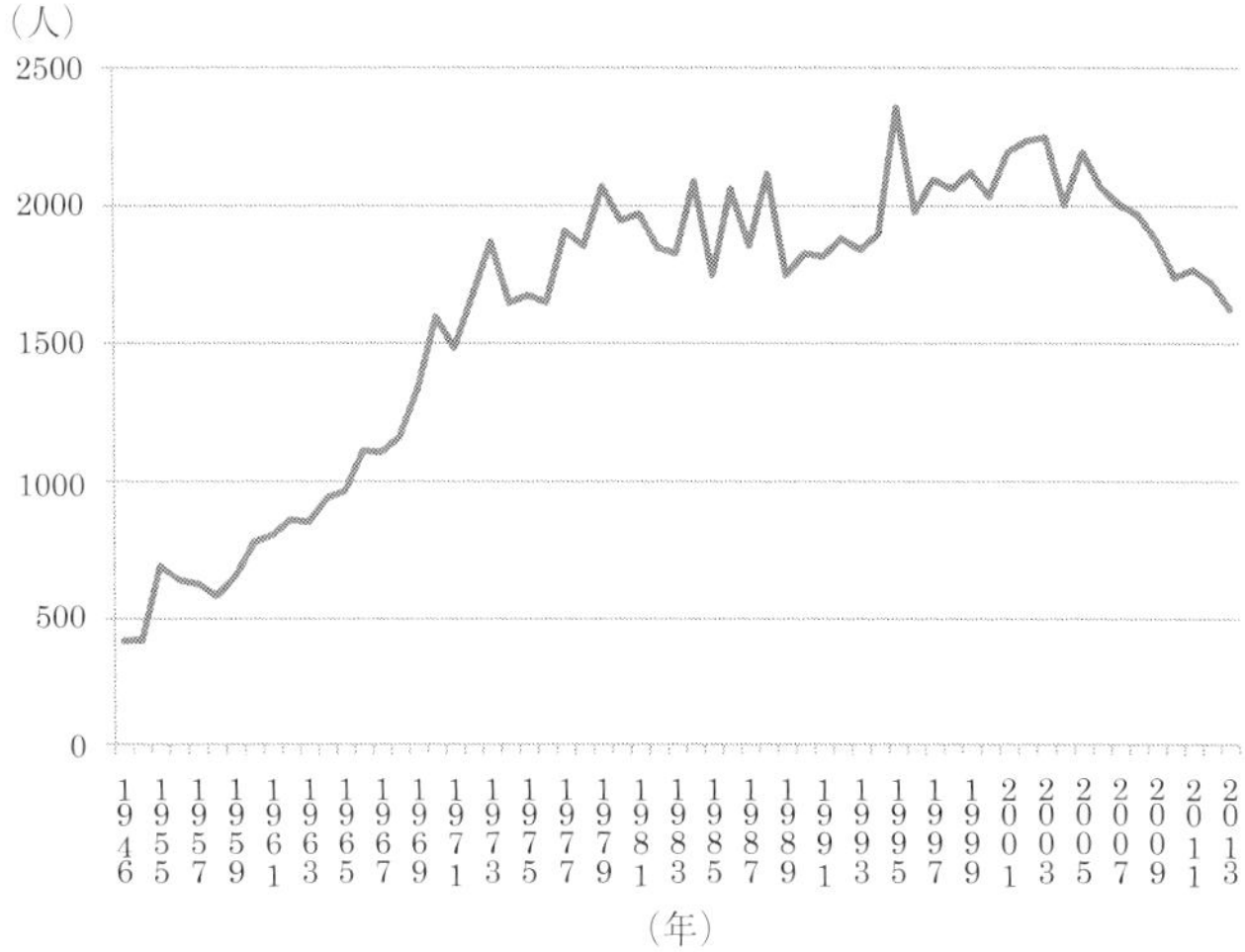

出典：総務省消防庁『平成26年版　消防白書』より作成

か。同じく『平成26年版　消防白書』のデータから見てみよう（グラフ3）。

データが集められ始めた一九四六年には、四二〇人の死者が出ていた。約十年後の一九五五年には、六九四人が亡くなった。さらに約十年が経過した一九六六年には、死者が一一一一人と初めて一〇〇〇人を超えた。戦後二十年間で、犠牲者が二・六倍以上に増えた計算になる。一九七〇年には、死者一五〇〇人を突破した。一九七九年には死者二〇〇〇人を初めて超え、一九八〇年代前半は死者二〇〇〇人前後であった。一九九〇年代前半は、死者一八〇〇人台で推移していたが、阪神淡路大震災が起きた一九九五年には、二三五六人が亡くなった。一九九五年は、火災による犠牲者が一番多く出た年で、この数字は、一九四六年の五・六倍以上に当たる。そして、一九九七年から二〇〇七年まで、十一年連続で死者が二〇〇〇人を超えていた。二〇〇八年からは、火災の発生件数と同様に減少傾向にあり、二〇一三年には一六二五人が亡くなった。減少傾向にあるといっても、一九四六年時点と比べて三・九倍を少し切る程度である。

一方、一九四六年の時点で、火災による負傷者は一六九五人であった。四年後の一九五〇年には、二・五倍以上の四二六九人の負傷者が出た。そして、一九五五年には、負傷者は一九四六年時の約四倍の六七六四人となった。東京オリンピックを開催した一九六四年には、負傷者数が初めて九〇〇〇人を超えた。その後、一九七四年までの十一年間で、負傷者数が九〇〇〇人を超えていたのは九回あった。ピークは、負傷者九七八九人を出した一九七三年で、この年は、火災の発生件数とともに最多を記録した。負傷者数という面から見ると、一番多かったのがこの十一年間である。一九八二年までは、概ね八〇〇〇人台で、それ以降一九九〇年までは七〇〇〇人台で推移した。一九九一年から三年間は六〇〇〇人台に減ったものの、二〇一一年までは、また増加に転じた。そして、二〇一二年以降は、六八〇〇人台に減少してきた。それでも、二〇一三年の六八五八人は、一九四六年の四倍以上である。

次に、日本の総人口の推移を考慮に入れ、人口一〇万人当たり、どれくらいの犠牲者が発生しているのか見てみよう。

データ集計がスタートした一九四六年には、人口一〇万人当たりの犠牲者が〇・五五人であっ

グラフ4　人口10万人当たりの犠牲者数の推移

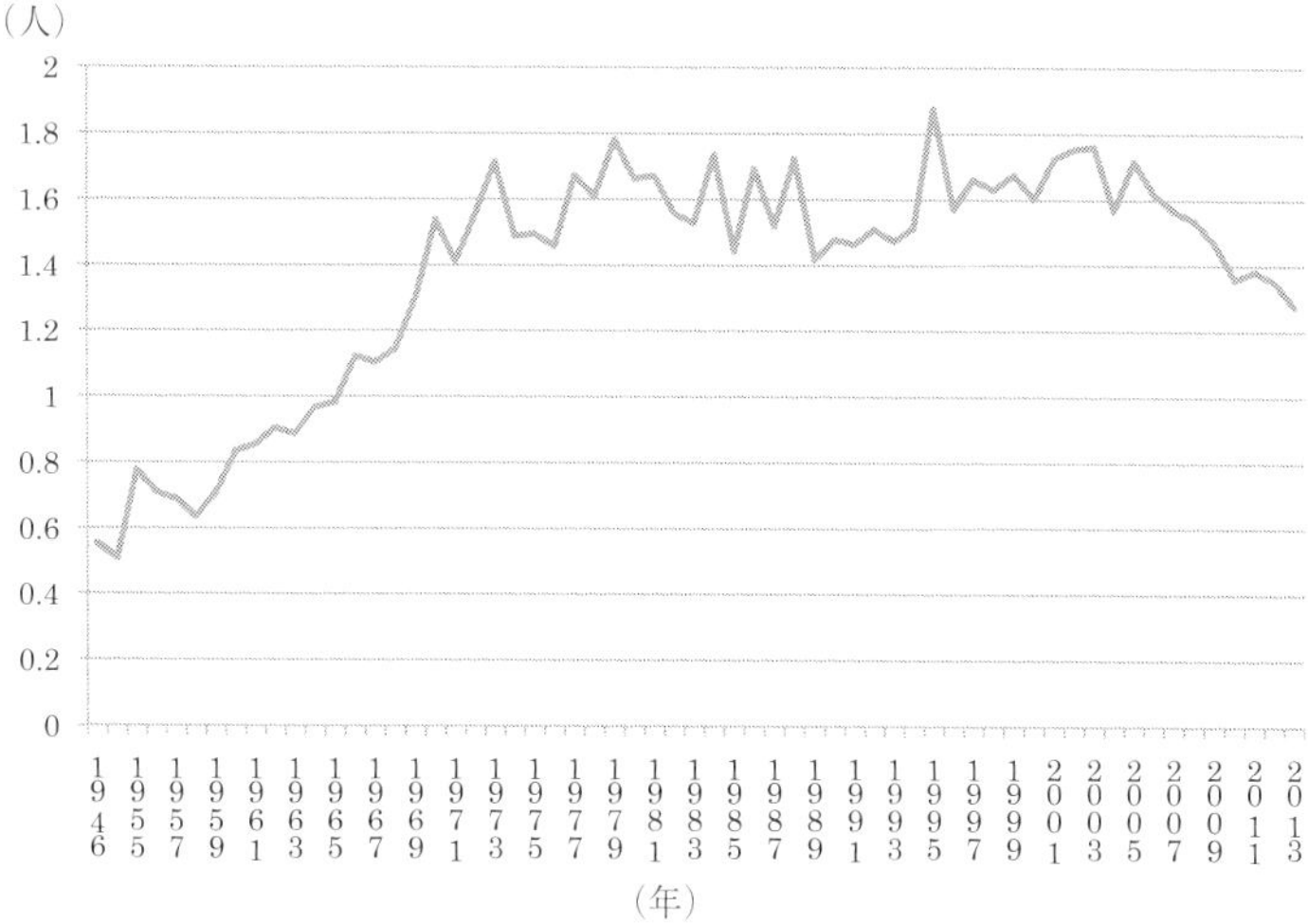

出典：総務省消防庁『平成26年版　消防白書』より作成

た。そして、グラフ4からも分かるように、一・〇人を初めて超えたのは一九六六年で、一・一二人となった。この年は、火災による犠牲者が初めて一〇〇〇人を超えた年でもあった。火災の発生件数の最も多かった一九七三年には、一回目のピークを迎え、人口一〇万人当たりの犠牲者は一・七一人となった。そして、火災による犠牲者が初めて二〇〇〇人を超えた一九七九年には、二回目のピークを迎え、一・七八人となった。一九九五年には、火災による犠牲者が二三五六人で一番多く、人口一〇万人当たりの犠牲者数も一番多い一・八八人を記録した。この数字は、一九四六年の三・四倍である。その後の十年間は、一・六人〜一・七人台を行ったり来たりし、二〇〇六年以降は減少傾向にある。二〇一三年時点では、人口一〇万人当たりの犠牲者数は一・二八人で、一九四六年の約二・三倍である。

一九四六年当時と比べて、犠牲者の数そのものが増えているだけではなく、火災によって死者が出やすくなっているということも分かるだろう。

第三節　火災の種類と犠牲者

第一節と第二節では、「火災発生件数」と「死傷者数」全体に関して比較をおこなってきたが、火災は様々な場所で発生する。消防白書の統計では、火災の発生場所や燃えた物によって、以下の六つに分類されている（千葉県「平成26年版　消防防災年報　用語等の説明」）。

(1) 建物火災：建物、または、その収容物が焼損した火災
(2) 車両火災：原動機によって運行することができる車両、鉄道車両及び被けん引車、または、これらの積載物が焼損した火災
(3) 林野火災：森林、原野、または、牧野が焼損した火災
(4) 船舶火災：船舶、または、その積載物が焼損した火災
(5) 航空機火災：航空機、または、その積載物が焼損した火災
(6) その他の火災：空地、田畑、道路、河川敷、ゴミ集積場、屋外物品集積場、軌道敷、電柱類などが焼損した火災

では、それぞれの火災は、一年間にどのくらい発生しているのだろうか。二〇一三年の出火件数と割合を例に見てみよう。二〇一三年は、合計四万八〇九五件の火災が発生したが、その内訳は以下のとおりである（『平成26年版　消防白書』）。

(1)　建物火災：　二万五〇五三件　（五二・一パーセント）
(2)　車両火災：　四五八六件　（九・五パーセント）
(3)　林野火災：　二〇二〇件　（四・二パーセント）
(4)　船舶火災：　九一件　（〇・二パーセント）
(5)　航空機火災：　三件　（〇・〇パーセント）
(6)　その他の火災：一万六三四二件　（三四・〇パーセント）

建物火災の割合が、他の火災と比べて、かなり高いことが見て取れる。この傾向は、戦後すぐから続いている。一九六〇年までは、建物火災の割合が非常に高く、七割を超えていた。一九六〇年代は、火災発生件数の約三分の二以上、一九七〇年代と一九八〇年代は、概ね六〇パーセント前後以上が建物火災であった。そして、建物火災の全火災に占める割合が、六〇パーセントを割るようになったのは、一九九三年以降である。それ以降は、五〇パーセント台を推移している。先の二〇一三年のデータは、建物火災の割合だけに限ってみると、消防庁の統計が発表されている戦後約七十年の中で、一番低い数字である。

次に、犠牲者の数で比較してみよう。これも、同じく二〇一三年のデータである（『平成26年

版　消防白書』）。

(1)　建物火災：　一二五四人（七七・二パーセント）
(2)　車両火災：　一〇九人（六・七パーセント）
(3)　林野火災：　二〇人（一・二パーセント）
(4)　船舶火災：　六人（〇・四パーセント）
(5)　航空機火災：　〇人（〇・〇パーセント）
(6)　その他の火災：二三六人（一四・五パーセント）

一六二五人の犠牲者のうち、四分の三以上は建物火災から出ていることが分かる。一九九九年から二〇一三年までの一五年間の『消防白書』で確認してみると、この傾向はずっと変わっていないことが分かる。二〇〇三年までの五年間は、全犠牲者の約三分の二が建物火災からであったが、残りの十年間は、その割合がさらに上がり、七〇パーセント台になった。特に、二〇一〇年以降の四年間は、どの年も七五パーセントを超えている。

第四節　建物火災

「発生件数」と「犠牲者の数」が一番多い建物火災について、さらに詳しく見ていきたい。建物と言っても、広い概念であるため、もう少し細かく分けて考える必要がある。まず、建物の「構

グラフ５　建物構造ごとの犠牲者の割合（2000年～2013年）

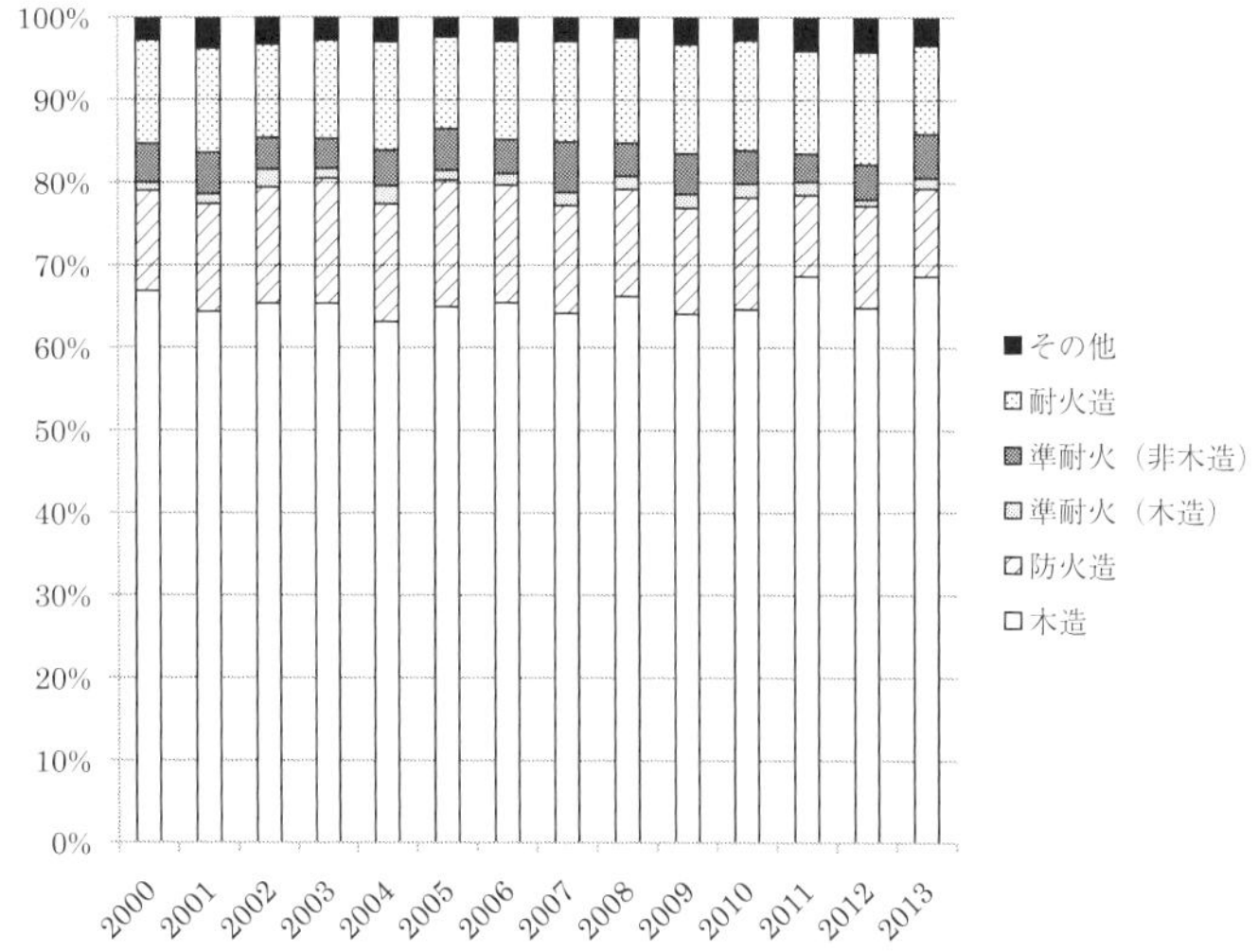

出典：総務省消防庁『消防白書（平成13年版～平成26年版）』より作成

造」に注目して分類してみよう。

（1）　木造：住宅の骨組みである「柱」や「梁」などに、木材を用いた構造

（2）　防火造：建築物の周囲で発生する火災からの延焼を防ぐために、外壁や軒裏に鉄網モルタル、漆喰など防火性能を有する物を用いた構造

（3）　準耐火造：耐火造ほどではないが、それに準ずる耐火性能を持った構造

（4）　耐火造：通常の火災による火炎や熱が加わり続けても、壁、柱、床など建物の主要部分が、消火されるまで耐えられるような性能を持った構造

グラフ５は、建物構造の違いによって、火災による犠牲者がどのくらい違

うのか、について示したものである。まず、この約十五年は、建物火災で亡くなった人の約三分の二は、木造建築から出たことが分かる。他の構造の建物に比べて、かなり高い割合である。そして、残りの約三分の一の建物には、先に見たように、火災に対する何らかの対策が施されていることが分かる。木造建築からの犠牲者数よりは少ないものの、耐火や防火の性能を持ち、法律の基準を満たしている建物からも、毎年一定の割合で犠牲者を出していることが分かる（建築基準法HP）。

また、建物は「用途」によっても分類できる。建物には、この第四章で扱う「住宅」が含まれるが、他にも、「劇場や公会堂」、「料理店や飲食店」、「駐車場」、「地下街」なども建物に含まれる。次に、建物火災による全犠牲者の中で、住宅火災によるものはどの程度あるのか、表2で見てみよう。

建物火災による犠牲者の八〇パーセント以上は、住宅火災によるものである。高い年には九〇パーセントを超えている。発生件数や犠牲者の数から考えて、私たちが、普段の生活を送る中で一番注意しなくてはならない火災は、住宅火災であると言うことができる。

第五節　火災発生件数と犠牲者数がなかなか減らない理由

ここまで、様々なデータから火災の発生件数や犠牲者の数について見てきたが、ポイントを簡

表２　住宅火災から出た犠牲者の数と割合（2000年～2013年）

年	建物火災による犠牲者数（人）	住宅火災による犠牲者数（人）	割合（%）
2000	1,368	1,161	84.9
2001	1,397	1,142	81.7
2002	1,420	1,233	86.9
2003	1,494	1,280	85.7
2004	1,414	1,252	88.5
2005	1,611	1,432	88.9
2006	1,550	1,403	90.5
2007	1,502	1,357	90.3
2008	1,499	1,325	88.4
2009	1,352	1,201	88.8
2010	1,314	1,186	90.3
2011	1,339	1,210	90.4
2012	1,324	1,145	86.5
2013	1,254	1,100	87.7

出典：総務省消防庁『消防白書（平成13年版～平成26年版）』

単に整理してみたい。

(1)　戦後の日本の人口の伸びは、最大一・六九倍であるが、「火災の発生件数」や「犠牲者数」は、それ以上の伸びを示している

(2)　人口一万人当たりの出火件数である出火率は、二〇一三年の時点で、一九四六年当時の二倍ある

(3)　人口一〇万人当たりの犠牲者数は、二〇一三年の時点で、一九四六年の〇・五五人から約二・三倍の一・二八人に増えた

火災発生件数と犠牲者数は、その実数だけでなく、全ての年を同じ条件で比べた指標でも、戦後間もない時期よりも現在の方が増えていることが分かる。ここで、

表３　居住世帯のある住宅総数と住宅の構造

年	住宅総数（戸）	木造（戸）	非木造（戸）
1968	2419万8000	2215万1000	204万7000
1973	2873万1000	2477万6000	395万4000
1978	3218万9000	2628万7000	590万1000
1983	3470万5000	2687万1000	783万4000
1988	3741万3000	2731万4000	1010万0000
1993	4077万3000	2778万7000	1298万7000
1998	4392万2000	2827万5000	1564万7000
2003	4686万3000	2875万9000	1810万4000
2008	4959万8000	2923万3000	2036万5000
2013	5210万2000	3010万8000	2199万4000

出典：総務省統計局「平成25年住宅・土地統計調査（確報集計）結果の概要」

(1)　火事で燃えやすいとされる木造建築は、現在もそんなに多いのだろうか

(2)　住宅に火災対策が施されているのに、どうして毎年一定数の犠牲者が出るのか

という二つの疑問が湧いてこないだろうか。

まず、住宅の状況を、表3から見てみよう。一九六八年から二〇一三年までの四十五年間で、住宅総数は二・一五倍に増えている。その理由としては、人口が増えたことと、核家族化が進んだことが挙げられる。この間に、「木造住宅」も「非木造住宅（鉄筋・鉄骨コンクリート造、レンガ造、ブロック造の住宅が含まれる）」も、一度も減ることなく増え続けてきたが、伸び率は非木造住宅の方が大きい。木造住宅の一・三六倍に対し、非木造住宅は一〇・七四倍である。

東京オリンピックから四年経った一九六八年当時、住宅の九一・五パーセントが木造住宅だった。非木造住宅

表4　木造住宅数と防火木造住宅数の推移

年	木造住宅総数（戸）	木造（戸）	防火木造（戸）
1968	2215万1000	1861万4000	353万7000
1973	2477万6000	1911万2000	566万5000
1978	2628万7000	1810万4000	818万4000
1983	2687万1000	1601万1000	1085万9000
1988	2731万4000	1544万8000	1186万6000
1993	2778万7000	1392万1000	1386万6000
1998	2827万5000	1364万1000	1463万3000
2003	2875万9000	1485万0000	1390万9000
2008	2923万3000	1344万5000	1578万8000
2013	3010万8000	1326万3000	1684万5000

出典：総務省統計局「平成25年住宅・土地統計調査（確報集計）結果の概要」

の数が一〇〇〇万戸を超えた一九八八年には、木造住宅の占める割合は七三・〇パーセントまで下がっている。そして、非木造住宅の数が二〇〇〇万戸を超えた二〇〇八年には、非木造住宅の割合は四一・一パーセントまで高まり、二〇一三年の時点では四二・二パーセントとなっている。二〇一三年の時点でも、木造住宅の数の方が多いが、徐々に拮抗してきていることが分かる。

住宅の骨組みである「柱」や「梁」などに木材が用いられている場合、それは「木造住宅」と呼ばれるというのは、前節で述べたとおりである。しかし、「屋根」や「外壁」などにモルタル、サイディングボードやトタンといった、防火性能を持つ材料が使われていれば、それは「防火木造住宅」と呼ばれる（総務省統計局「用語の解説（住宅）」）。その内訳を示したのが、表4である。

一九七三年以降、防火材料を用いていない木造住宅は、二〇〇三年を除いて減少しており、防火木造住宅は、二〇〇三年を除いて増え続けていることが分かる。その

表5　建物火災の際「一酸化炭素中毒・窒息」または「火傷」が死因だった犠牲者の数（2000年～2013年）

年	建物火災での犠牲者（人）	一酸化炭素中毒・窒息（人）	火傷（人）
2000	1,368	546	479
2001	1,397	552	462
2002	1,420	566	460
2003	1,494	577	499
2004	1,414	572	460
2005	1,611	647	550
2006	1,550	613	567
2007	1,502	603	528
2008	1,499	593	526
2009	1,352	554	461
2010	1,314	541	440
2011	1,339	542	439
2012	1,324	521	480
2013	1,254	479	472

出典：総務省消防庁『消防白書（平成13年版‐平成26年版）』

割合が最初に逆転したのは一九九八年で、二〇一三年の時点では、五六対四四で防火木造住宅の方が多くなっている。

依然として木造住宅の数は多いが、「火災が発生しにくい」住宅、そして、「火災を大きくしない、または、延焼しにくい」木造住宅へと変わりつつあることが分かる。

つづいて、もう一つの疑問である「火災対策が施されている住宅であっても、どうして一定数の犠牲者が出てしまうのか」という点について考えていきたい。

その疑問を解く鍵の一つは、火災による死因にある。この章の「はじめに」で挙げたように、火災による犠牲者の二大死因は、「一酸化炭素中毒・窒息」と「火傷」であった（表5）。

表6　煙に含まれる主な有害物質

一酸化炭素	全ての有機物が燃焼、特に不完全燃焼した時に発生する
二酸化炭素	全ての有機物が燃焼した時に発生する
塩化水素	ポリ塩化ビニルなど、塩素を含む物が燃焼した時に発生する
シアン化水素	アクリルやポリウレタンなど、窒素を含む物が燃焼した時に発生する
硫黄酸化物	羊毛など、硫黄を含む物が燃焼した時に発生する

出典：杉田直樹「火災時に発生する一酸化炭素などの燃焼生成ガスについて」

一酸化炭素中毒・窒息が原因で亡くなったのは、建物火災の犠牲者の三八～四一パーセントである。この犠牲者たちは、「火炎」や「熱」ではなく、「煙」が致命傷になったのである。煙は、どのような点が危険なのか。主なものは三つある。

(1)　煙は、多くの有害な成分を含有している

煙には、様々な有害物質が含まれている。主なものは、表6に示したとおりである。

一酸化炭素と言えば、換気していない部屋の中で、ガスやストーブ、七輪を使用している最中に、中毒になって病院に搬送される、という事故も毎年起きている。火災の際にも、一酸化炭素は大量に発生するのである。火災が発生して二十分経つと、一酸化炭素濃度は、空気全体の五パーセント以上を占めるようになるという（東リ株式会社「炎が伝わっていく過程」）。

表7は、空気中の一酸化炭素濃度が高くなるにしたがって、どのような中毒症状が出てくるのかを一覧表にしたものである。普段、私たちの血液中にあるヘモグロビンという物質が、酸素を体

表７　空気中の一酸化炭素濃度と中毒の症状

一酸化炭素濃度（％）	中毒の症状
0.02	2～3時間で軽い頭痛がする
0.04	1～2時間で頭痛、吐き気がする
0.08	45分でめまい、けいれんを起こす
0.16	20分で頭痛、めまいを起こし、2時間で死に至る
0.32	5～10分で頭痛、30分で死に至る
0.64	5～15分で死に至る
1.28	1～3分で死に至る

出典：横浜市消防局「火災からの避難」

全体に運んでいる。しかし、一酸化炭素を吸い込んでしまうと、ヘモグロビンは一酸化炭素と結びつき、酸素を運ぶ力が落ちてしまう。そのため、様々な中毒症状が出てくるのである。しかも、私たちは、微量の一酸化炭素で大きなダメージを受けることが分かる（横須賀市消防局「煙の恐ろしさ」）。

(2)　煙は、火よりも速く広がる

煙が危険な理由の二つ目の理由としては、煙の拡散するスピードが挙げられる。煙は、火災の時、熱せられているので上昇し、天井に到達すると横方向に進んでいく。そして、煙の量が増えると、下へ向かってくる。煙は、上方向には毎秒三～五メートル進み、水平方向には毎秒〇・三～〇・八メートル進むという。私たちが階段を利用する時の速度は、毎秒〇・五メートルほどであることを考えれば、如何に煙の広がり方が速いか分かるだろう（横須賀市消防局前掲資料／横浜市消防局前掲資料）。

(3)　煙は、私たちを不安な状況に陥れるこれは、煙が与える物理的・化学的な影響ではないが、私たちの心理面にも影響を与える。一般の人たちにとって、火災の現場に居合わせることは、普通では考えられない状況であり、パニックに陥っても不思議ではない。煙によって、視野が妨げられてしまったら、その不安感、恐怖心はさらに高まってしまう。こういう心的状況は、避難の手際に影響を与えることもありうる（東リ株式会社前掲資料／横須賀市消防局前掲資料／横浜市消防局前掲資料）。

では、どうして火災において、「火炎」とともに「煙」にも注目しなくてはならなくなったのか。その理由は大きく二つあり、どちらも「私たちの暮らしの変化」がキーワードとして挙げられる。一つずつ検証していきたい。

（1）　火災対策を施した住宅の増加

「防火」や「耐火」などの、火災対策を講じていない木造住宅のシェアは、徐々に小さくなっていることは先に述べた。しかし、何らかの火災対策を施した住宅の増加が、逆に煙による犠牲者増加を招いている一面もあるという。

木造建築物は通気性が良く、柱など建物構造の主要な部分自体も着火物となりうる。そのため、火災の時には激しく燃え、出火から七～八分で、摂氏一二〇〇度近くまで温度が上がる。しかし、通気性が良いために、それ以降は急速に温度が低下する。この温度の上下にかかる時間は、十五分程度である。木造建築の火災は、「高温・短時間型」と呼ばれている。

一方、火災対策を講じてある建築物、特に、耐火造の建築物は、外枠や内装材に不燃物を用いているので、建物構造の主要な部分は火災に耐えられる。しかし、家の中にある家財道具は燃えてしまう。耐火造の建築物は気密性が高いため、火災の時には、外部から空気中の酸素が供給されにくく、不完全燃焼になりやすい。温度も摂氏八〇〇〜九〇〇度くらいまでしか上がらない。火災の継続時間は、木造建築物の火災よりも長くなり、三十分以上続くこともある。火災対策を講じた建築物の火災は、「低温・長時間型」と呼ばれている（神忠久「生死を分ける避難の知恵」／東リ株式会社「建物の種類による火災の違い」）。現在、火災で燃えた範囲が狭いのに、犠牲者が出てしまうこともある。それは、火災対策を講じてある建築物の、気密性が高いことも理由の一つである。

(2)　使用される化学物質の種類やプラスチック製品の増加

プラスチック製品のほとんどは、石油由来のナフサという物質から製造されている。

(a)　可塑剤
(b)　酸化防止剤
(c)　難燃剤
(d)　着色剤

（e）　界面活性剤

その際、ここに挙げたような化学物質が加えられることもあり、プラスチック製品も大きな括りでは、分子量の多い化学物質である。

現在の私たちは、多種多様の化学物質とプラスチック製品に囲まれて暮らしている。これらがなければ、現在の私たちの生活は成り立たない。

具体的に見ていこう（環境省「わたしたちの生活と化学物質」／製品評価技術基盤機構「子供用おもちゃの製品情報」）。

（a）身だしなみ：石けん、シャンプー、化粧品、歯磨き粉など

（b）掃除や洗濯：台所用洗剤、トイレ用洗剤、消臭剤、洗濯用洗剤、柔軟剤、漂白剤、染み抜き剤など

（c）衣類：綿、絹、羊毛などの自然素材、ポリエステル、アクリルなどの合成化学繊維

（d）食事：調味料、保存料、増粘剤、香料、甘味料、着色料など

（e）医薬品：飲み薬、消毒薬、塗り薬など

（f）乗り物：ガソリン、灯油などの燃料、潤滑油、サビ取り剤

（g）工作や塗装：のり、接着剤、塗料、塗料うすめ液、ワックスなど

（h）害虫対策：衣類用防虫剤、殺虫剤、農薬など

（i）玩具：ぬいぐるみ、ブロック、プラモデルなど

これらは、化学物質の以下の特徴を利用している。

(a) 燃えやすい
(b) 燃えにくい
(c) くっつく
(d) 油汚れを落とす
(e) 油を溶かし、気体になりやすい
(f) 軽くて丈夫
(g) 味やにおいを付ける
(h) 害虫に作用する

先に述べたように、耐火建築物であっても、建物の中にある物は火災が起きれば燃える。家の中には、ここで挙げた化学物質やプラスチック製品がたくさんあり、燃えることで一酸化炭素をはじめとした有毒ガスを発生させる。先の表6（一三三ページ）には挙げなかったが、燃える物によっては、アンモニア、硫化水素、ホスゲンなどが発生することもある（東リ株式会社「炎が伝わっていく過程」）。

日本のプラスチック生産が本格的に始まったのは、第二次世界大戦後であり、一九六〇年代半ば頃までを助走の期間として、その後一気に生産量を伸ばした（グラフ6）。木造住宅のシェアが減り始め、防火木造住宅や耐火建築物が増え始めたのは、一九六〇年代の後半以降であった。ま

グラフ6　戦後日本のプラスチック生産量の推移

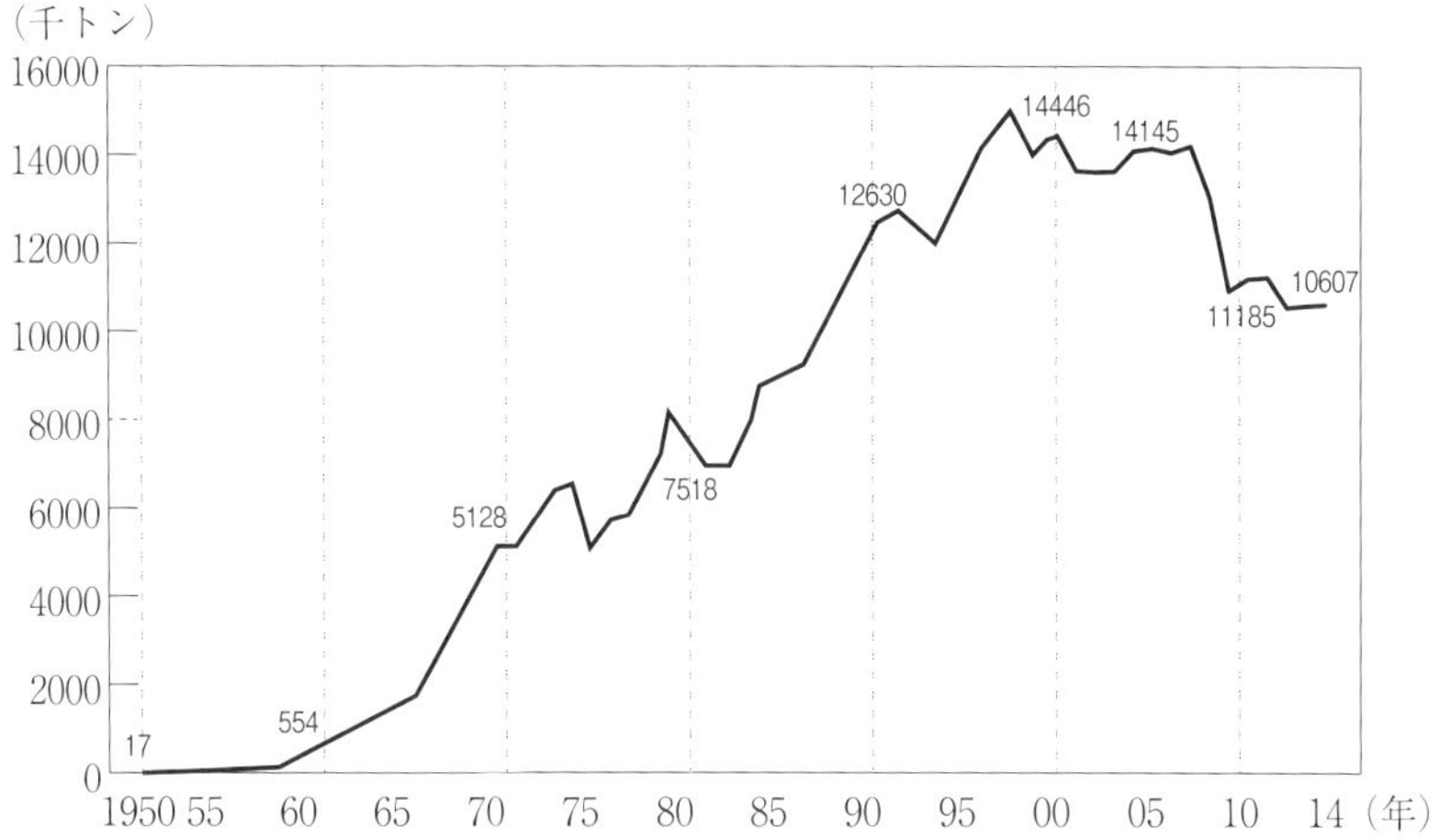

出典：日本プラスチック工業連盟「目で見るプラスチック統計」
(http://www.jpif.gr.jp/00plastics/plastics.htm)

た、火災による犠牲者が、初めて一〇〇〇人を超えたのが一九六六年であった。データを並べてみると、「火災対策を講じた住宅が増え、家の中に化学物質やプラスチック製品が増えたことで、火災による犠牲者が出やすくなった」と考えることができる。

今後も、火災対策を講じた住宅は増えていくだろう。また、家の中にある化学物質やプラスチック製品が、大幅に減ることもないだろう。火災による犠牲者を減らすためには、

(1)　火災そのものを起こさない

(2)　起きてしまった火災は、出来るだけ早い段階で消し止める

方向への取り組みが欠かせない。

表8　出火原因ランキング（2008年～2013年）

	2008年	2009年	2010年	2011年	2012年	2013年
第1位	放火	放火	放火	放火	放火	放火
第2位	コンロ	コンロ	コンロ	タバコ	タバコ	タバコ
第3位	タバコ	タバコ	タバコ	コンロ	コンロ	たき火
第4位	放火の疑い	放火の疑い	放火の疑い	放火の疑い	放火の疑い	コンロ
第5位	たき火	たき火	たき火	たき火	たき火	放火の疑い

出典：総務省消防庁『平成26年版　消防白書』

表8に近年の出火原因上位五つを並べてみたが、

(1) 他人に起こされた火災：放火、放火の疑い

(2) 自身の不注意で起きた火災：コンロ、タバコ、たき火

に大別できる。少なくとも、自身の不注意で起きた火災は、対策を講じることで被害を減じることが可能である。これから述べる三つのポイントは、これまでも繰り返し言われてきたことで、なおかつ、本当に基本的なことである。しかし、その基本をきちんと実行することが、極めて重要なのである。

(1)　火災警報器の設置を徹底する

表8の出火原因ランキング上位に入っている、コンロによる火災は台所、タバコによる火災は寝室で発生するケースが多い。起きてしまった火災を、できるだけ小さいうちに消し止める、そして、人命の犠牲を出さないようにするには、火災に早く気付くことが重要である。そのために役立てたいのが火災警報器である。ただ、二〇一五年の時点で、改めてこのような文章を書かなくてはならないことは、残念なことでもある。なぜなら、住宅用の火災警報器は、二

○○四年の消防法改正によって設置が義務付けられているからである。二〇〇六年六月からは、新築の住宅には、各自治体の条例で定められた場所（寝室や階段など）に設置しなくてはならなくなった。そして、既存の住宅も、二〇一一年六月までに設置することが義務付けられていたのである。しかし、罰則がないこともあってか、二〇一四年六月一日の時点で、その設置率は全国で七九・六パーセントだという（総務省消防庁『平成26年版　消防白書』）。特に、既存の一戸建て住宅で設置されていないケースが多い。ほんの一例であるが、二〇一四年に静岡市で、火災によって亡くなったのは四人だった。このうちの三件では、火災警報器が設置されていなかったという（朝日新聞）。

(2)　速やかに避難する

火災に気づいたら、一刻も早く安全な場所に避難することが重要である。火災によって犠牲になるケースの一つに、逃げ遅れによるものがあるからだ。もちろん、逃げ遅れと一言で言っても、

(a)　体が不自由なため（特に高齢者）
(b)　物の持ち出しや中にいる人の救出のため
(c)　ギリギリまで消火活動をしていたため

など理由は様々である。しかし、せっかく火災の初期に気がついても、安全な場所まで逃げ

られず、犠牲になってしまっては同じことである。「命あっての物種」という諺もあるように、まずは、自身の安全の確保を最優先にしなくてはならない。

(3) 避難経路や防災道具の使用方法を確認しておく

速やかに避難するためにも、避難経路の確保や確認、防災道具の使用方法のチェックが重要である。

(a) 非常時に使用する場所に、荷物や障害物は置かれていないか

(b) 非常用の階段やハシゴ、防火扉、消火器などは、いざという時に使用できるか

防火扉の使い方を誤ったために、本来なら入り込んで来るはずのない煙が、非常用階段に充満し、被害を拡大させてしまったという事例もある。特に、集合住宅に暮らしている場合、事前の備えの重要度がさらに増してくる。

ここまで見てきたように、ピーク時と比べたら、火災発生件数も犠牲者数も、減少傾向にあることは事実である。しかし、火災を防ぐための対策そのもの、また、私たちの生活を便利にしてくれた製品が、逆に、火災発生件数や犠牲者数の劇的減少への妨げになっているという一面もある。住宅火災という化学災害の被害を、少しでも小さくするために、私たちにできることはまだまだたくさんある。

第Ⅰ部のまとめ

第Ⅰ部の第一章から第三章までに取り上げた一七の事例と、第四章で扱った住宅火災、合わせて一八のケースの特徴を、改めて一覧にした（表9、一四五ページ）。まず、事故の「原因」に注目してほしい。一〇〇パーセント原因が解明されていない事故もあるが、それ以外の事例に関しては、ここでは「自然災害」と「人的ミス」の二つに大別した。「自然災害」が事故の原因になったものは、第二章で扱った「新潟地震」と「東日本大震災」によるものの三例である。ここに出てきた地震は、私たちには動かしようのない自然の力であり、不可抗力である。事故の発生自体は、防ぎきれなかった可能性が高い。

一方、それ以外の事例の多くは、「人的ミス」がきっかけになったものである。人的ミスは、

1. 従業員の知識や経験、教育不足によるもの
2. 従業員の不作為：必要な作業や確認作業を怠るなど
3. 技術的なミス：設備や機器の設置場所を間違う、安全装置が事故時に使用できないなど

と、さらに細かく分けられる。

第三章の「貨物機着陸失敗事故」は、気流の乱れや強風という自然災害の要因と、操縦ミスが重なって起きた。また、「ケミカルタンカー衝突事故」の場合は、濃霧や雷などの自然災害の要

因と、船員の不作為が重なって起きたものである。

第四章の住宅火災は、放火のような「外的要因」によるものと、タバコやたき火、コンロの火の不始末のような「人的ミス」によるものの両方がある。

実際の現場で働く技術者を対象に書かれた、安全に関する本などには、一件の事故の背後には、膨大な数の「ヒヤリ」または「ハット」事例があると述べられている。つまり、大きな事故にはならなかったものの、災害につながる可能性のある失敗や問題が、必ず事前に起きているというのである。

次に、災害が起きた後について見てみよう。事故発生時、対応が適切でなかったために、後処理に時間が余計にかかってしまった例、被害を拡大してしまった例が三分の一近くある。

具体的には、まず、医療関係者との連携が取れていなかった事故が一例あった（インド・ボパールの事故）。また、事故を起こした企業が事実を速やかに公表しなかったケースが一例あった（イタリア・セベソの事故）。そして、最も多かったのが、消防関係者との連携が上手く取れていなかった事例で、三例あった（シバタテクラムの事故、寶組勝島倉庫の事故、東名高速道路でのタンクローリー事故）。「消防関係者との連携」と言っても、二つのタイプがある。

1．事故を起こした原因物質を正しく伝えなかったケース

シバタテクラムの事故、寶組勝島倉庫の事故、東名高速道路でのタンクローリー事故

2．消防への届出を怠っていたケース（法令違反を含む）

表９　本書で取り上げた事例の特徴一覧

事例		発生時間帯	事故の原因	施設外への被害	死者	負傷者	後処理の不備
1-1	イタリア・セベソ	昼間	人的ミス	甚大	――	22万人以上	あり
1-2	インド・ボパール	深夜	人的ミス	甚大	14,000人以上	20～30万人	あり
1-3	日本触媒	昼間	人的ミス	――	1人	36人	――
1-4	東ソー	昼間	人的ミス	あり	1人	――	――
1-5	日進化工	夕方	人的ミス	大	4人	58人	――
1-6	シバタテクラム	夕方	人的ミス	大	1人	7人	あり
1-7	寶組勝島倉庫	夜間	人的ミス	――	19人	117人	あり
1-8	大阪大学	夕方	人的ミス	――	2人	5人	――
1-9	シエスパ	昼間	人的ミス	大	3人	8人	――
2-1	新潟地震	昼間	自然災害	甚大	――	――	――
2-2	東日本大震災（気仙沼）	昼間	自然災害	甚大	――	――	――
2-3	東日本大震災（市原）	昼間	自然災害	甚大	――	6人	――
3-1	タンクローリー（一般道）	深夜	交通事故	大	5人	26人	――
3-2	タンクローリー（高速道路）	早朝	交通事故	大	――	1人	あり
3-3	貨物列車	深夜	人的ミス	甚大	――	――	――
3-4	FDX 80便貨物機	早朝	自然災害&人的ミス	――	2人	――	――
3-5	ケミカルタンカー	早朝	自然災害&人的ミス	あり	6人	1人	――
4	住宅火災	24時間	外的要因（放火）&人的ミス	ありうる	出ることがある	出ることがある	――

注　事例の欄の数字は、取り上げた章と順番を表している。

シバタテクラムの事故、寶組勝島倉庫の事故

爆発・火災の原因となった化学物質によって、対処の方法は異なる。単純に、「火の勢いを止めるために、水を掛ければ良い」というものではないのである。企業自体が独自の消防隊を組織していて、初期対応をおこなうこともあるが、大きな事故の際は、ほとんどのケースで消防関係者が動員される。したがって、企業秘密という壁はあるにしても、消防関係者が、それぞれの事業所の化学物質に関する情報を持ち、災害発生時の対処法を確立しておくことは重要だということが分かる。初期対応を誤れば、災害発生現場のみならず、周辺の環境や住民に多大な影響を与えてしまうのは、本編で見たとおりである。

第Ⅱ部　化学災害から身を守るために

序　章　身を守るために必要なことは何か

第Ⅰ部では、実際に起きた化学災害の実例を、
化学工場、倉庫などの施設で起きた爆発・火災事故（第一章）
自然災害に伴って起きた爆発・火災事故（第二章）
輸送中に起きた爆発・火災事故（第三章）
住宅で起きた爆発・火災事故（第四章）
に分けて見てきた。化学災害が、これまでにも私たちの身近な所で起こっており、そして、これからも起こりうる、ということを実感してもらえたと思う。

化学災害から、自分自身や家族の命、家などの財産を守るためには、

(1)　化学災害そのものを発生させないこと
(2)　化学災害が万が一発生した場合、被害を最小限に抑えること

という二つの点が重要である。今回取り上げた事例からも分かるように、化学災害の多くは、人間のミスや不作為が原因となって起きた人災である。人災である限り、私たちの行動によって、ある程度は防ぐことが可能である。

では、そのために私たちができること、すべきことは何だろうか。大まかに言って二つあると考えられる。

(1)　自分の周辺で起こる可能性のある化学災害は、どのようなものか「知る」こと

(2)　化学災害という、もしもの事態に「備える」こと

これら二つは、何も特別なことではない。私たちは、自然災害に対しては、特に意識せずにおこなっていることである。台風を例にとってみよう。台風が発生して日本に近づいて来ている時、天気予報を見るだろう。自分の仕事、暮らしている地域によって、注意すべき情報は少しずつ変わってくるにしても、

(1)　強さや大きさはどれくらいか

(2)　どのような進路を取るのか

(3)　風や雨のピークはいつになるのか

(4)　最も接近してくる時に、何か予定が入っていないか

などについて確認するのではないか。これが、対処すべき相手がどんなものか「知る」ことにあたる。

対処すべき相手について知ったら、次に、
(1)　しばらく買い物に行けなくても大丈夫なように、食べ物を多めに買っておく
(2)　台風のピークにぶつからないよう、予定を変更する
(3)　家の損壊や浸水を防ぐために、雨戸を閉めたり、補強したり、土のうを積んだりする
といった対策を取るだろう。これらが、被害に遭わないために、もしくは最小限にとどめるために「備える」ことにあたる。

化学災害に対しても、同じようにすれば良いのである。自分の暮らす場所の周辺で起こりうる化学災害は、どのようなものかについて知り、もしもの時のために備えておくのだ。一人でも多くの人たちが、「知る」ことと「備える」ことを実践すれば、まずは「化学災害が発生した時の被害を小さくする」ことにつながっていく。そして、一人一人の実践の積み重ねは、最終的に「化学災害そのものを発生させない」ことにつながっていく。

第一章では、私たちの身の回りで起こりうる化学災害について、「知る」ための手段と使い方を紹介したい。そして、第二章では、知り得た情報を、どのように「備える」ことにつなげていけるのか、について考えていきたい。

第一章　自分の身近な所で起こりうる化学災害について「知る」

先ほど、過去の化学災害の実例を知って、教訓を得るだけでなく、「自分の周辺で起こりうる化学災害は、どのようなものか『知る』こと」が大切だと述べた。具体的に、何を把握しておくべきなのか挙げてみる。まず確認すべきは、自分が普段生活している場所の近辺に、何らかの工場や事業所があるかどうかである。

(1)　その工場や事業所でおこなっている仕事（製造／加工／貯蔵など）
(2)　その工場や事業所に運び込まれる、原料となる化学物質
(3)　その工場や事業所から、環境中に排出されている化学物質
(4)　その工場や事業所から、外部へ輸送されている、または、廃棄されている化学物質

もし、工場や事業所がある場合、周辺住民は、これらの情報を把握しておくべきである。まとめて言えば、私たちの生活圏内にある工場や事業所に関わる、化学物質の「種類」や「量」を知っ

ておく必要があるのだ。ここで重要なのは、「都道府県や国全体」レベルのデータではなく、「近隣の工場」レベルの細かいデータを把握すべき、という点である。取り扱っている化学物質の種類や量は、工場や事業所ごとに全く異なるからである。

このような情報を把握するために利用したいのがＰＲＴＲ（Pollutant Release and Transfer Register）制度である。日本語に訳すと、「環境汚染物質排出・移動登録制度」となる。ＰＲＴＲ制度は、一九九九年に制定された「特定化学物質の環境への排出量の把握等及び管理の改善の促進に関する法律」に基づいて導入された。ＰＲＴＲ制度は、これまでの環境関係、化学物質関係の法律とは、立脚点が異なる制度である。なぜ、このような新しい制度が必要になったのか。その理由や目的は、私たちの現在の暮らしや、環境問題と環境法の歴史、化学物質管理の流れを概観することで理解できる。

第一節　私たちの暮らしと化学物質

私たちは、昔から数多くの化学物質を利用してきた。人類の歴史の中では、自然界に存在する化学物質をそのまま利用する時期が長かった。しかし、化学者たちは、セルロース、デンプン、グリコーゲン、タンパク質、といった分子量の多い高分子物質を、人工的に合成しようという研究も進めていた。一八二八年に、ドイツ人の化学者であるＦ・ヴェーラーが、シアン酸アンモニウムという物質を加熱すると、有機化合物（有機物）である尿素が合成されることを発見した。このことは、化学史において大きな出来事であった。なぜなら、それまでは、生物の体内でしか作り出すことができない、と考えられていた有機物を、初めて生体外で、人工的に合成することに成功したからである。産業革命をきっかけに大きく進歩した科学技術の力もあり、これまで自然界に存在しなかった化学物質を、人工的に作り出して利用する、という人工合成化学物質時代に入った。二十世紀半ばまでは石炭を、その後は石油を主原料にして、合成化学物質が製造されている。

人工合成化学物質は、私たちが自ら作り出したものであるから、自分たちの使いやすいように容易に加工できる。例えば、同じ元素を同じ数だけ使っていても、その配置を変えるだけで、性質の異なる化学物質を作り出すことも可能である。そのため、人工合成化学物質時代に入って、化学物質の数は飛躍的に増えた。アメリカ化学会の情報部門であるケミカル・アブストラクツ・サービス（Chemical Abstracts Service：ＣＡＳ）には、現在あるほぼ全ての化学物質の情報が登録されている。毎日、約一万五〇〇〇種類の化学物質情報が新たに加えられており、二〇一五年七月現在、登録されている化学物質の数は一億種類を超えている。これらの化学物質の中で、大量に生産されて市場に出回っているものだけでも一〇万種近くはあると言われている。

私たちは、次々と開発される人工合成化学物質によって、便利さ、快適さ、豊かさを手にした。第Ⅰ部第四章の住宅火災の部分でも触れたように、プラスチック製品はその成功例の一つと言っ

ていいだろう。プラスチックは、

(1)　私たちが欲する特徴を持つように、加工が簡単であった

(2)　人工的に製造された物であるから、大量生産が可能であった

(3)　従来の金属やガラスよりも軽く、安全であり、製品の軽量化や小型化に役立った

これらのメリットを持っていたため、現在では、ありとあらゆる場所にプラスチックが用いられている。しかし、石炭や石油という、古くから地球に存在する原料から製造された物であっても、人工合成化学物質は異物である、という点に注意が必要である。そのため、私たち人類、その他の生物、そして生態系が、数多くの問題やリスクに直面することにもなった。ここに挙げたプラスチック製品を例に考えれば、使用後に問題が起きる。もし、プラスチックがゴミの埋立地に埋め立て処理されれば、微生物に分解されないので、そのまま残ってしまう。また、焼却所で燃やされたとしても、摂氏三〇〇度前後で、不完全燃焼のうちに処理されれば、ダイオキシンが発生する。つまり、人工合成化学物質は、私たちに「プラス」だけでなく「マイナス」ももたらしたのである。ここからは、人工合成化学物質の「光」の部分と「陰」の部分を、代表的な三つの分野に絞って具体的に見ていきたい。

(1)　食料生産関連の化学物質

原生林や手入れのされていない庭など、人間が手を加えていない状態であれば、ある一定

の空間の中に何種類もの植物が育ち、生物が生息する。そこに手を加え、人間の食用に適した作物を育てるようになったのが農業の始まりである。農業の導入によって、定住生活が可能になり、狩猟や採集の時代よりも確実に食料を得られるようになった。人口も増え始めたため、更なる食料が必要になり、生産性を上げなくてはならなくなった。

農業にとっては、天候や自然災害に加えて、農作物の病気を起こす微生物や害虫の存在も大きな問題である。もともと、害虫駆除作用や殺菌作用のある、植物由来の「除虫菊」や、無機物の混合物である「ボルドー液」など、自然界に存在する物質を使用していたが、科学技術の発達によって、殺虫剤や殺菌剤を人工的に作り出せるようになった。有名な物質としては、「ジクロロジフェニルトリクロロエタン（ＤＤＴ）」が挙げられる。スイスの化学者であるＰ・Ｈ・ミュラーが、一九三八年にＤＤＴの殺虫作用を発見し、マラリアや発疹チフスなどの伝染病対策としても使用されるようになった。そして短期的には、生産性を上げる、食料の供給を安定させる、といった効果があった。ミュラーは、この功績で一九四八年度のノーベル生理学医学賞を受賞した。

一方、肥料や人工的に合成された農薬を使用することは、いくつかの不利益ももたらした。第一に、化学肥料の大量使用が土中の生態系を破壊し、土壌の劣化や収穫量の減少を招いた。第二に、散布された農薬は、大気や水を汚染するだけでなく、農作物に残留することで食品も汚染した。第三に、使用されている農薬に対する耐性を獲得した害虫が現れるようになった。それに加え、F・リンデマンとH・バーリントンは、一九五〇年にDDTはホルモンの作用をかく乱するおそれがあることを発表した。

一九五七年には、R・ウェルチとR・クンツマンが、DDTは性ホルモンの構造や分泌に変化を与えると発表し、リンデマンとバーリントンの説を証明した。また、一度生体内に入ると、脂肪組織内に蓄積されて排出されにくい、母乳から子供に伝わっていく、などの事実が明らかになってきた。そして、一九七〇年代に入って、先進国ではDDTの生産・使用は中止になった。しかし、途上国では、その後も農薬や昆虫媒介の伝染病対策として、DDTを使用し続けている。

(2)　医薬品関連の化学物質

妊婦が服用した医薬品として、つわりを抑制するための「サリドマイド」、妊娠合併症や流産を防ぐための「ジエチルスチルベストロール（DES）」が知られている。現在においても、出産は一〇〇パーセント安全とは言いきれず、子や母親の生命が失われる場合がある。これらの医薬品は、少しでも子どもが安全に産まれてくるように、そして母体の安全も確保できるように処方されていた。

サリドマイドは、一九五七年に当時の西ドイツで初めて発売され、風邪や神経痛、偏頭痛などの治療のために使用されていた。しかし、サリドマイドを服用した妊婦の産んだ子どもに、手が直接肩から出ている（アザラシ肢症）、両手両足が全くない、などの奇形が見られるようになった。ただ、サリドマイドを服用した妊婦の子どもの中でも、奇形の出ないケースもあったため、すぐには禁止されなかった。また、ＤＥＳは一九四〇年頃から使用され始め、約三十年間で、五〇〇万人以上の妊婦が服用したという。産まれた女の子どもが思春期に達した頃に、膣がん、子宮の奇形、子宮外妊娠、などの症状が出てきた。一方、男の子どもには、精巣縮小、停留精巣、精巣がん、精子の減少などの症状が出てきた。

その後の研究で、サリドマイドの服用と子どもの奇形に因果関係があると分かった。妊婦がサリドマイドを「どれだけ服用したか」ではなく、「いつ服用したか」が問題だったのである。西ドイツでは、その報告がなされた一九六一年までの四年間は販売されていたため、三〇〇〇人を超える被害者が出た。日本でも、大日本製薬株式会社（現在の大日本住友製薬株式会社）が発売した製品を四年以上販売していて、三〇〇人以上の被害者を出した。アメリカでは、食品薬物局のＦ・Ｏ・ケルシーがサリドマイドの流通拡大を抑えたため、大規模な被害を出さずに済んだ。一方、ＤＥＳは、一九七一年に使用禁止となった。一般的に、哺乳類の子宮の中には、外から入ってくる化学物質を簡単には通さず、胎児を毒物から保護するバリアーがあるが、ＤＥＳは、そこを通過してホルモンのような働きをしたのである。

(3)　工業製品関連の化学物質

農薬や医薬品よりも、更に身近なところで、人工的に合成された化学物質が使われていた。その一つの代表例が、フルオロカーボン（日本での通称は、フロン）である。フロンは炭素とフッ素の化合物で、結合の仕方の違いによって、

（a）クロロフルオロカーボン（CFC）
（b）ハイドロクロロフルオロカーボン（HCFC）
（c）ハイドロフルオロカーボン（HFC）

など、何種類も存在している（日本フルオロカーボン協会「フルオロカーボンの種類」）。フロンは、一九二八年に発明された化学物質で、以下のような特徴を持ち、安全性の確保も難しくなかった。

（a）人間、その他の生物に対しても有害性がない
（b）化学的に安定している
（c）腐食性がない
（d）引火しない

そのため、フロンは、「奇跡の化学物質」と呼ばれ、冷蔵庫の冷媒、洗浄剤、発泡、エアゾールなど、様々な工業現場や製品に使用されるようになった。一九三〇年代には約三〇〇〇トンの生産量であったが（阿部貴美子「地球温暖化問題とその対策――オゾン層破壊防止対策との違いを含めて」一一ページ）、その後右肩上がりに伸びていき、一九七〇年代半ばには、世

界全体の生産量が一〇〇万トンに達した（富永健ほか『フロン――地球を蝕む物質』二ページ）。フロンは、人工合成化学物質ゆえ、用途の拡大や需要の増加に合わせた大量生産が可能だったからである。

一九七四年、F・ローランドとM・モリーナが、『ネイチャー』誌に「フロンがオゾン層を破壊する」という仮説を発表した。その後しばらくは、その因果関係を疑う風潮があったが、一九八二年に、日本の南極観測隊が世界で初めて、南極上空のオゾンの減少を観測した。そして、生物にとって有害な紫外線が、オゾンホールから地上に降り注いでいることも分かってきた。その結果、皮膚がん患者が増える可能性が指摘された。

一九八五年に「オゾン層の保護のためのウィーン条約」が、一九八七年には「オゾン層を破壊する物質に関するモントリオール議定書」が採択された。この枠組条約と議定書を柱として、関係物質の生産規制や貿易規制が進んでいった。そして、観測データや最新の科学的知見をもとに、規制のスピードが上がっていった。オゾン層破壊に関する問題提起をおこなったローランドとモリーナは、一九九五年にノーベル化学賞を受賞した。

第二節　事後的な化学物質政策の時代

問題やリスクへの対処の仕方は、大きく二つに分けられる。一つは、実際に事故や事件が起きたり、原因が解明されたりした後に措置を講じる「事後的対策」である。もう一つは、実際には被害が発生していない、もしくは、科学的に因果関係が証明されていない段階から、何らかの対策を講じる「予防的対策」である。

先の三つの「光」と「陰」の例からも分かるように、環境問題や化学物質のリスクに対しては、立法府や行政府の政策や法律も、企業の対策も事後的に講じられたものであった。対策に乗り出すためには、以下の二つが求められることが多かったからである。

(1)　実際に汚染や被害が存在するという事実があること

(2)　その企業活動や化学物質が原因となって、汚染や被害が発生したという因果関係が、科学的に証明されていること

ＰＲＴＲ制度を導入するまで、日本の環境関連の法律は、事後的対策として制定されてきたものであった。表10は、第二次世界大戦後の公害の発生時期と、それらに対応するために制定された法律の制定時期を比べたものである。

目に見える形で何らかの問題や被害が生じてから、後追いで法律が制定されてきたことがよく分かるだろう。しかも、制定された法律は、それ以後に起きた事例にしか適用されない。つまり、制定のきっかけになった事件や被害にさかのぼって適用されることはないのである。

表10に挙げた公害の中で、最大規模の被害を出した水俣病を例にとって、予防的に対応する機会の有無について見てみたい。

表10　公害の発生とそれに対応する法律の制定時期

発生した公害	年	制定された法律
イタイイタイ病の発見（富山県）	1955	
水俣病の発生（熊本県）	1956	
江戸川漁業被害（東京都）	1958	工場排水等の規制に関する法律
四日市ぜんそくの発生（三重県）	1961	
	1962	ばい煙の排出の規制に関する法律
第二水俣病の発生（新潟県）	1964	
	1967	公害対策基本法
カネミ油症事件（福岡県）	1968	大気汚染防止法
	1970	水質汚濁防止法
	1973	化学物質の審査及び製造等の規制に関する法律（化審法）

死亡当時ではなく、後に水俣病が原因で亡くなったと判明したケースもあったが、水俣病の被害が公式に確認されたのは一九五六年五月である。そして、水俣病が「公害病」であると認定され、原因となった製造工程が中止される一九六八年まで十三年かかった。この頃までに、水俣病で既に亡くなった人たちが一〇〇人以上おり、様々な障害を抱えながら生きる人たちも多数出ていた。二〇〇六年三月の時点で、水俣病患者だと認定された人の数は約三〇〇〇人にのぼる。そして、一九九五年の政府解決案に基づいた、一時金支給の対象者は一万人を超えている。

このように、多くの犠牲者や被害者を出した水俣病であるが、被害状況を抑えるために何らかの手を打つ機会は、一九六八年の「公害病認定」までに何回もあった。しかし、対策が後手に回ったことで被害を拡大させてしまった。環境省は、水俣病の経験について、「時代的社会的な制約を踏まえるにしてもなお、初期対応の重要性や、科学的不確実性のある問題に対して予防的な取組方法の考え方に基づく対策も含めどのように対応するべきかなど、現在に通じる課題を私たちに投げかけて」いると総括している（環境省『環境白書　平成18年版』四五ページ）。

第三節　予防的な化学物質政策の時代へ

現在、科学技術も発達しているし、研究環境も整っているにもかかわらず、化学物質と汚染や被害との因果関係を、科学的に証明するのは難しくなっている。その理由の一つに、化学物質による汚染の特徴が、昔と現在で変わってきていることがある。

（1）長期的な汚染
（2）複合的な汚染
（3）低濃度での汚染

中下裕子は、このように三つの点を指摘している（「化学汚染のない地球を次世代に手渡すために――新たな化学物質政策の提案」一〇四ページ）。一つずつ見ていこう。

（1）長期的な汚染の影響

致死量もしくは、それに近い量の化学物質を、短時間のうちに浴びたり、体内に入れたりした場合には、急性毒性の症状が出て、因果関係の証明が容易なこともある。このような場合、市場に出回るのが危険であることは明白であり、規制もかけやすい。しかし、多くの場合、それらの化学物質を長期にわたって使用したり、浴びたり、体内に入れたりした場合の影響を考えなくてはならない。有害性を科学的に証明するためには、年単位の時間をかけた研究や実験が必要になってくる。また、先に挙げた医薬品の例にも出てきたが、世代を超えて影響が出てくることも考慮すれば、追跡すべき期間はもっと長くなる。

(2)　複合的な汚染の影響

化学物質が一種類だけ独立して存在している状況は、実験室内のような特殊な環境であって、現実の世界では考えにくい。先に述べたように、一〇万種近くの化学物質が私たちの身の回りに存在しているからである。化学物質が複合的に作用した場合に、悪影響が相殺されるかもしれないし、二倍、三倍になるかもしれないのである。膨大な数にのぼる化学物質の組み合わせに関する研究や実験が必要になるため、因果関係の証明に必要な期間は、さらに長くなる。

(3)　低濃度での汚染の影響

それに加え、一九九〇年代に入ると、さらに厄介な特性を持った化学物質の存在もクローズアップされるようになってきた。内分泌かく乱物質、俗に言う環境ホルモンの問題である。ここ数年、アジア大陸から飛散してくることで有名になった大気汚染物質にＰＭ２・５がある。天気予報でもＰＭ２・５の濃度が報じられるようになったが、ここで使われる単位はｐｐｍ（一〇〇万分の一）である。しかし、環境ホルモンはさらに低い濃度のｐｐｂ（一〇億分の一）、ｐｐｔ（一兆分の一）で作用するとされる。また、一般的な有害物質は、量が増えると有害性も比例して高くなるが、環境ホルモンの中には、量が増えると逆に有害性が低くなる物質もあるという。

ここまで見てきたように、人工合成化学物質と環境汚染や被害との因果関係を、科学的に証明することは非常に困難になっている。また、環境ホルモンのような、「毒」や「有害性」の概念を変えざるを得ない化学物質も登場してきた。そこで、化学物質による何らかの悪影響、被害が出てから規制をおこなうのではなく、予防的に管理していこうという考え方が出てきた。各国の国内法レベルではなく、世界全体で協力して化学物質を管理していく契機になったのは、一九九二年の六月にリオ・デ・ジャネイロで開催された国連環境開発会議（地球サミット）であった。地球サミットで採択されたアジェンダ21の第十九章において、有害化学物質の管理について述べられている（環境庁・外務省『アジェンダ21実施計画（'97）』）。

(1)　化学的リスク・アセスメントの規模を国際的規模に拡大し、推進すること
(2)　化学物質の分類の仕方や表示の方法を共通にすること
(3)　有害な化学物質やリスクについての情報交換を進めること

(4)　リスクを減らすための計画を立てること
(5)　各国が化学物質の管理能力を高めること
(6)　有害・危険な製品の不法な取引を防止すること
(7)　国際協力を進めること

以上の七つが柱である。その後、経済協力開発機構（ＯＥＣＤ）は、加盟国に対し、化学物質管理制度の導入を勧告した。これがＰＲＴＲ制度で、ＯＥＣＤでは「潜在的に有害な化学物質の環境中への排出または移動の登録簿」と定義している。「潜在的に」という言葉からも分かるように、科学的に因果関係が証明されていない化学物質であっても、管理の網をかけられる点に特徴がある。

その後、二〇〇二年には「持続可能な開発に関する世界首脳会議」において、「二〇二〇年までに、化学物質がもたらす悪影響を最小限にする」ことに合意した。その目標を達成するために、欧州では、「予防的対策」よりもさらに厳しい「予防原則（Precautionary Principle）」を適用すべく、取り組みをスタートさせた。予防原則の考え方は、「安全が証明できないのであれば、市場に出さない（No Safety, No Market.）」というものである。二〇〇七年からは、「化学物質の登録、評価、認可及び制限に関する規則（Registration Evaluation Authorization and Restriction of Chemicals 以下、ＲＥＡＣＨ）」を導入した。ＲＥＡＣＨが今までの制度と一番異なる部分は、「立証責任者の転換」がはかられた点である。これまでは、化学物質のリスク評価は政府がおこなってきた。しかし、ＲＥＡＣＨにおいては、事業者が、使用する化学物質の安全性や危険性を調査する必要がある。それに対し、アメリカや日本を中心とした国々は、地球サミットで出された「環境と開発に関するリオ宣言」の第一五原則で言及された「予防的アプローチ」をもとに取り組みを進めている。国や地域によって方法に違いはあるが、近年の化学物質のリスク管理においては、「予防」の考え方が重要な方針になってきている。

第四節　日本のＰＲＴＲ制度の導入過程と概要

先に述べたように、ＰＲＴＲ制度では、潜在的に有害な化学物質であっても管理できる。この「予防」という観点が採り入れられたことは、日本の環境法体系においても、大きな転換点であった。日本がＰＲＴＲ制度を導入したきっかけは、二つの国際機関からの働きかけであった。一九九二年に地球サミットで採択された「アジェンダ21」と、一九九六年二月にＯＥＣＤが出した「ＰＲＴＲ制度の導入勧告」である。

これらを受け、環境庁（現在の環境省）は、一九九六年十月に、ＰＲＴＲ技術検討会を設置した。そして、翌一九九七年六月から、神奈川県や愛知県の一部においてパイロット事業をおこなった。限られた地域でモデルケースとしてＰＲＴＲ制度を運用し、様々な問題点を抽出することが主な目的であった。一九九七年の秋からは、通商産業省（現在の経済産業省）もＰＲＴＲ制度の導入に向けて動き出した。

一方、産業界では、日本化学工業協会（日化協）が、レスポンシブル・ケア活動を通じてPRTR制度に取り組んできた。日化協の定義によると、各企業が「化学物質の開発から製造、物流、使用、最終消費を経て廃棄・リサイクルに至る全ての過程において、自主的に『環境・安全・健康』を確保し、活動の成果を公表し社会との対話・コミュニケーションを行う活動」のことをレスポンシブル・ケア活動という。また、経済団体連合会は、自主的に排出量の調査をおこなってきた。

環境庁と通商産業省は、それぞれ独自にPRTR制度導入に向けての検討をしてきたが、途中からは歩調を合わせ、共同で法律案をまとめた。そして、一九九九年三月に「特定化学物質の環境への排出量の把握等及び管理の改善の促進に関する法律案（PRTR法、化管法などと略される）」が国会に提出された。一九九九年七月にこの法案が成立し、PRTR制度導入が決定した。そして、準備期間を経て、二〇〇一年からPRTR制度の運用がスタートした。

ここからは、PRTR制度とはどのような制度なのか、具体的に見ていこう。
(1)　化学物質を取り扱う事業者が、化学物質の自主的な管理を促進すること
(2)　環境を保全するうえで、化学物質による何らかの影響を未然に防ぐこと
PRTR制度の目的は、大きくこの二つである。

そして、PRTR制度の流れは、以下のとおりである。
(1)　事業者が、指定された化学物質の、環境への排出量と移動量を測定し、都道府県を経由し

て国に届け出る（企業秘密に関係する情報は、直接国へ届け出る）
(2)　国は、収集した情報をデータベース化する
(3)　国や都道府県は、情報を公開する
情報の届出の対象となる化学物質は、第一種指定化学物質と呼ばれている。
(1)　人類の健康や動植物の生存などに悪影響を及ぼす可能性のある化学物質
(2)　自然の状況で化学変化を起こし、有害性を持った化学物質に変化しやすいもの
(3)　オゾン層破壊など、環境に悪影響を及ぼす化学物質
これら三つの条件いずれかに当てはまり、かつ、環境中に広く継続的に存在すると認められる三五四種類の化学物質が定められた。この中で、発がん性が認められる一二物質（石綿、塩化ビニル、ダイオキシン類、ベンゼンなど）は、特定第一種指定化学物質と定められた。

そして、以下の条件に全て当てはまった事業者は、届出をおこなう必要がある。
(1)　全ての製造業、金属鉱業、原油・天然ガス鉱業、電気業、ガス業、鉄道業、洗濯業、一般廃棄物処理業など、指定された二三業種を営んでいる事業者
(2)　常時使用する従業員が二一人以上の事業者
(3)　第一種指定化学物質のいずれかを、一年間に一トン以上（発がん性がある物質は〇・五トン以上）取り扱う事業所を持つ事業者
逆に言えば、一つでも当てはまらない条件があれば、届出の義務はない。このような裾切りも

おこなわれているため、指定された化学物質も全量把握できるわけではない。そこで、国は、家庭、農業、自動車などを含んだ排出量の推計をおこなっている。

二〇〇一年のＰＲＴＲ制度運用開始から数年が経った段階で、これまでのデータなどをもとに幾つかの改正がなされた。そして、化学物質をより包括的に管理するために、ＰＲＴＲ制度（化管法）と化学物質の審査及び製造等の規制に関する法律（化審法）を、我が国の化学物質管理の二本柱として運用していくことが再確認された。この改正は、厳しさを増す欧州のＲＥＡＣＨに対応していくためでもある。

規制対象の化学物質も見直された。これまでの運用の中で、届出量や推計量が少なかった化学物質は、規制対象物質から削除された。一方、これまでは報告義務を課されていなかった化学物質も、一五〇種類以上が第一種指定化学物質に追加された。その結果、新たな第一種指定化学物質は、四六二物質に増えた。そして、特定第一種指定化学物質は、生殖細胞変異原性、生殖発生毒性を持つ化学物質が加わり、数も一二物質から一五物質へと増えた。また、届出をおこなう必要のある業種は、医療業が追加され二四業種となった。

新しく決まった規制対象の四六二化学物質に関しては、二〇一〇年四月一日から排出量と移動量の把握がおこなわれている。

二〇〇一年から運用が始まったＰＲＴＲ制度は、翌年からその集計結果が、インターネット上に公開されている。私たちも、環境省と経済産業省のホームページにアクセスすることで、集計結果をチェックすることができる。具体的なアクセス方法は、それぞれ以下のとおりである。

【環境省のホームページからチェックする場合】①～⑤へ進む

①環境省ホームページ（http://www.env.go.jp/）

②「保健・化学物質対策」（http://www.env.go.jp/chemi/）

③「環境リスクの低減」（http://www.env.go.jp/chemi/risk_management.html）

④「ＰＲＴＲ：化管法ホームページ（ＰＲＴＲインフォメーション広場）」（http://www.env.go.jp/chemi/prtr/risk0.html）

⑤「集計結果・データを見る」（http://www.env.go.jp/chemi/prtr/result/index.html）

【経済産業省のホームページからチェックする場合】①～⑧へ進む

①経済産業省ホームページ（http://www.meti.go.jp/）

②「政策について」（http://www.meti.go.jp/main/policy.html）

③「政策一覧」（http://www.meti.go.jp/policy/index.html）

④「安全・安心」（http://www.meti.go.jp/policy/safety_security/index.html）

⑤「化学物質管理政策サイト」（http://www.meti.go.jp/policy/chemical_management/index.html）

⑥「化学物質排出把握管理促進法（化管法）」（http://www.meti.go.jp/policy/chemical_management/law/index.html）

⑦「ＰＲＴＲ制度」（http://www.meti.go.jp/policy/chemical_management/law/prtr/index.html）
⑧「集計結果の公表」（http://www.meti.go.jp/policy/chemical_management/law/prtr/6.html）

第五節　ＰＲＴＲ制度の公開データ

事業所からのデータ届出と集計データの公表には、タイムラグがある。二〇一五年十月現在、最新の公表結果は二〇一三年度（平成二十五年度）版であるが、運用開始からこれまでの経年変化も含めてチェックすることが可能である。公開されている情報で、私たちが確認できる主なデータは、以下のものである。

(1)　総届出事業所数：当該年度に、規制対象化学物質の排出量や移動量を報告した事業所の数
(2)　総排出量：規制対象の化学物質が、一年間にどれだけ排出されたのかを示す総計
(3)　総移動量：規制対象の化学物質が、一年間にどれだけ移動されたのかを示す総計
(4)　化学物質ごとの排出・移動量：ベンゼンやトルエンなど、環境中への排出量や移動量の多い化学物質に関するデータ
(5)　都道府県別データ：どの都道府県に、どんな化学物質を排出・移動する事業所が多いのかに関するデータ
(6)　業種別データ：どの業種からの届出が多いのか、どこへ排出・移動しているのかに関する

データ

ＰＲＴＲ制度の運用が始まってから、これまでに幾つかの重要な変更点があった。

⑴　二〇〇三年四月〜：報告対象の事業者を拡大（年間取扱量五トン以上の事業者から、一トン以上の事業者へ引き下げ）

⑵　二〇一〇年度報告分〜：報告対象の化学物質が、三五四物質から四六二物質へ増加（新たに報告対象となった化学物質と、報告対象から外された化学物質がある）

⑶　二〇一〇年度報告分〜：報告対象の業種に、医療業が追加

それに加え、データを公表した後に、事業所からの届出情報が変更されている。そのため、集計データの数値もこれまでに何カ所も変わっている。これらの変更点を考慮すると、表11の数値だけを単純比較することはできない。ただし、条件が変わって一時的に増えたとしても、その後は緩やかに減少していくというのが大きな傾向である。

では、届出をした事業所数も報告された総排出量・移動量も、このように減少している理由として何が考えられるだろうか。大きく三つ挙げることができる。

⑴　企業の自主的取り組みによる減少：各企業が、それぞれに目標を設定し、排出量や移動量を減らした

⑵　経済的理由による減少：不況などで、規制化学物質の取扱量が減った、もしくは、従業員

表 11　化学物質排出量・移動量の届出をした事業所数と届出のあった総排出量・移動量の推移

年度	事業所数	総排出量・移動量（トン）
2001	34,820	529,824
2002	34,497	501,359
2003	41,114	527,893
2004	40,446	499,059
2005	41,027	489,292
2006	41,346	470,484
2007	41,263	456,408
2008	40,016	403,402
2009	38,643	352,091
2010	37,788	387,726
2011	36,956	401,170
2012	36,681	384,500
2013	35,974	375,668

出典：環境省「集計結果・データを見る」

数が減り、届出対象の事業所ではなくなった

(3)　技術的理由による減少：技術革新によって、排出量や移動量の大幅な減少が可能になった、もしくは、規制化学物質ではなく、代替物質を使用するようになった

ＰＲＴＲ制度の導入によって、これからの化学物質政策に活かしていけるような情報を集めることが可能になった。これらは、今まで集められてこなかったデータであり、ＰＲＴＲ制度の導入の大きなメリットの一つである。しかし、これらは、あくまでも「集計」されたデータである。私たちにとってのＰＲＴＲ制度の本当の意義は、これとは別の部分にあると言える。それは、「事業所単位の化学物質排出量・移動量を把握できる」という点である。つまり、私たちの暮らす地域で操業している事業所が、

(1)　どんな化学物質を扱っているのか

（2）　ＰＲＴＲ制度で報告義務を課されている事業所なのか

（3）　報告義務を課されているとしたら、その化学物質名と排出量・移動量はどれだけかについて、私たち自身の手で確認できるのである。では、どうして、事業所単位の化学物質排出量・移動量を把握できる点がメリットと言えるのか。

化学物質を扱う工場といっても、規制対象となっている業種を見ても明らかなように、多種多様である。また、同じ業種であっても、取り扱っている化学物質の種類や量は、それぞれ違うはずである。そして、化学物質の種類が異なれば、もしもの時の対処の仕方も異なってくる。もしもの時のことを考慮した場合、

（1）　個々の事業所が扱っている、化学物質の種類や量に関する情報が公開されている

（2）　それらの情報を、私たちが簡単に得ることができる

という二つの条件が揃っていれば、私たちが前もって対策を講じることができるからだ。これらのデータも、環境省や経済産業省のホームページから確認できる。

【環境省のホームページから確認する場合】①～②へ進む

①「ＰＲＴＲ：化管法ホームページ（ＰＲＴＲインフォメーション広場）」（http://www.env.go.jp/chemi/prtr/risk0.html）

②「個別事業所のデータ」（http://www.env.go.jp/chemi/prtr/kaiji/index.html）

表12　全国と（株）日本触媒姫路製造所におけるアクリル酸の総排出量・移動量推移

年度	全国（kg）	（株）日本触媒姫路製造所（kg）
2001	828,610	150,076
2002	738,979	150,011
2003	585,989	91,000
2004	540,466	79,000
2005	368,912	41,000
2006	371,178	27,300
2007	321,945	17,390
2008	324,302	15,400
2009	269,330	13,410
2010	578,955	16,100
2011	527,243	13,700
2012	508,845	15,000.5
2013	501,419	7,380

出典：環境省「PRTR制度　個別事業所のデータ」

【経済産業省のホームページから確認する場合】

「集計結果の公表」（http://www.meti.go.jp/policy/chemical_management/law/prtr/6.html）の、「個別事業所データ」の項目から確認できる。

それぞれの公表ページから、「PRTRけんさくん」というアプリケーションをダウンロードできるようになっている。「PRTRけんさくん」をダウンロードしたうえで、確認したい年度のデータを読み込めば良い。パーソナル・コンピューター（PC）があり、インターネットに接続できる環境があれば、個々の事業所の排出量・移動量に関する届出データを確認できる。仮に、インターネット環境が身近にない場合には、環境省か経済産業省に情報公開を請求することになる。

次に表12（一七五ページ）で、第Ⅰ部第一章の事例で取り上げた、㈱日本触媒姫路製造所で爆発・火災事故を起こしたアクリル酸を例にとって見てみよう。

ＰＲＴＲ制度の運用開始当初は、アクリル酸のみが報告対象物質だった（物質No.３）。しかし、ＰＲＴＲ制度の見直しの結果、二〇一〇年度以降は、アクリル酸及びその水溶性塩（物質No.４）という分類になっていることに注意が必要である。国全体の数値も、日本触媒の数値も、前年に比べて増えた年はあるものの、ＰＲＴＲ制度の運用開始以降、減少傾向にあると言って良いだろう。このように、各企業や事業所の化学物質に関する取り組みを、排出量や移動量という形で知ることができる。

ここまで、私たちと化学物質の利用状況を大まかに振り返り、どうして、ＰＲＴＲ制度という新しい考え方を採り入れた化学物質管理が必要になってきたのか論じてきた。そして、ＰＲＴＲ制度の公開情報を利用して、私たちの身の回りで起きる可能性のある化学災害について、前もって「知る」ことの重要性を述べた。

個々の事業所が取り扱っている化学物質に関する情報を手に入れられるＰＲＴＲ制度であるが、弱点もある。例えば、ＰＲＴＲ制度の公開情報を閲覧しても、見たい工場の情報がなかった場合である。

(1)　PRTR制度で規制対象となっている化学物質を取り扱っていないから
(2)　報告義務対象外の業種であるから
(3)　常時雇用の従業員が二〇人以下であるから
(4)　規制対象化学物質の年間取扱量が規定量未満であるから

理由は、このように幾つか考えられるが、正確な理由は、このままでは分からない。

次の章では、この弱点も上手く利用しながら、化学災害にどう「備えて」いくべきか考えていきたい。

第二章　もしもの時のために「備える」

私たちの身近なところに、どのような化学災害の危険が潜んでいるのかについて、ＰＲＴＲ制度の公開情報を利用して知っておくことが重要である、と感じてもらえたと思う。仮に、それらが全く知らない化学物質だったとしても、その量に圧倒されたとしても、近隣の工場で取り扱っている化学物質に関して、私たちが知っていることは有益である。そういう情報に基づいて、「備える」ステップに進むことができるからだ。

この章では、化学災害を起こさないために、そして、化学災害が起きた時に被害を最小限に抑えるために、私たちはどう備えるべきか、理想的な形をまず述べていきたい。

その後、理想的な形に近づくために現段階で足りない点、改善が必要な点などに言及したい。

第一節　周辺住民の監視の目とリスク・コミュニケーション

化学災害を起こさないようにするための一つの方法は、災害の原因となる化学物質の量を減らすことである。原因物質が少なくなれば、災害の発生機会自体もその分減るからである。この点に関して、アメリカでの例が役に立つと思われる。第Ⅰ部第一章のユニオン・カーバイド・インド社の事例の中で簡単に触れたように、アメリカは、一九八六年に有害物質排出目録（ＴＲＩ）というＰＲＴＲ制度のアメリカ版を導入した。

ＴＲＩは、ユニオン・カーバイド社がインドとアメリカで起こした二件の事故を受けて導入された制度である。特に、一九八五年にアメリカ本国で事故を起こした後、「近隣の事業所でどのような化学物質を使っているか、周辺住民には知る権利がある」という機運が高まった結果であった。このような経緯で導入されたため、化学工場の周辺住民は「知る権利」を行使し、頻繁に情報公開請求をおこなった。そして、工場の化学物質に関する情報を、多くの周辺住民が得ることとなった。住民の自宅周辺で、規制対象となっている化学物質を大量に扱う事業所があれば、環境汚染の問題や事故の危険性の点から、土地などの資産価値も下落する可能性がある。それを嫌う周辺住民は、事業所に対して監視の目を光らせる。また、事業所の方も、将来、他の地域に進出する時に、規制対象の化学物質を大量に扱っていることで、進出反対の運動を受けたくない。

これらが作用して、事業者は、自主的に、

(1)　規制対象である化学物質の使用量を削減する

(2)　代替化学物質を使用する

などの対策を講じるようになった。

アメリカ各地でこのような取り組みが進み、ＴＲＩ施行から十年で、報告された化学物質の量は、四〇パーセント以上も削減されたという。ＴＲＩは、化学物質について報告を義務化しただけで、削減義務まで課していたわけではない。にもかかわらず、事業者側が「周辺住民の目」を意識するだけで、これだけ大きな成果となったのである。規制されている化学物質の使用量や排出量が減れば、環境汚染や爆発・火災の危険性もその分減ることになり、この点も周辺住民にとって大きなメリットと言えるだろう。私たちも見習うべき事例である。

化学災害を起こさないようにするためのもう一つの方法は、リスク・コミュニケーションをはかることである。化学の分野に限らず、何らかのリスクがある場合、その原因となる者と影響を受ける者が同席し、コミュニケーションをはかる。第Ⅰ部第一章で取り上げた、化学工場をはじめとした施設での化学災害の場合、リスクの原因となるのは工場などの事業者であり、その影響を受けるのは周辺住民である。具体的に、リスク・コミュニケーションの中ではどのようなやり取りがなされるのか。まず、化学工場をはじめとした事業者は、住民の不安や誤解を少しでも解消できるよう、化学物質に関するデータや情報を提供する。一方で、住民は、「分からないことは何か」、「どうして不安なのか」について率直にぶつけ、納得のいく説明を受けられるように働きかけていくのである。

私たちが暮らす地域で操業する事業所が、「どのような」化学物質を「どれだけ」扱っているか、について知ることは、決して事業者側と対立するためのものではない。もしもの事態が生じた時に、その影響や被害を可能な限り小さくするためである。具体的に言えば、

(1) 爆発を起こしやすい化学物質か
(2) どのような有害性や毒性を持っているのか
(3) 消火活動に水が使えるのか
(4) 水溶性なのか、油溶性なのか
(5) 事故や火災の影響が、最大でどの範囲まで及びそうか

ということを周辺住民が知っていれば、化学災害への対策を前もって講じることが可能になるからである。

また、リスク・コミュニケーションを取る中で、事業所側は、以下のような点を確認しておく必要が出てくる。周辺住民が納得できるように、説明しなければいけないからだ。

(1) 化学災害の発生時に対応可能な（知識を持っている）従業員は、何人くらいいるのか
(2) 安全確保のための装備や設備は、どこに、どれだけ用意してあるのか
(3) 事業所の敷地外に、影響や被害が出るような事態が生じた場合、その対処法が確立され、

　周知徹底されているか

⑷　消防や医療との連携は取れているか

こういった項目について、事業者と詰めていくことで、事業者の化学災害や安全に対する意識を高めることも可能になるだろう。事業所の安全を確保することは、

⑴　工場の施設や製品

⑵　工場で働く従業員

のみならず、

⑶　周辺の建物や住民

を守ることに直結するからである。つまり、事業者が、周辺住民の安全にも責任を負っている、という点を常に意識しながら操業することにつながるのである。

前章で、裾切りというシステムの結果、ＰＲＴＲ制度で報告の義務を課されていない事業者があることを述べた。ＰＲＴＲ制度の公開データに近隣工場の情報がない場合でも、リスク・コミュニケーションを取ることによって、様々な情報を得ることができる。

このように、事業者と周辺住民が、建設的にリスク・コミュニケーションを取ることで、お互いが安全に共生していくことが可能になる。

それに加え、自然災害に備えるのと同様に、定期的に化学災害に対する避難訓練もおこなうようになれば理想的である。

第二節　理想的な形へ近づけるために——市民の意識を高める

ＰＲＴＲ制度の流れを、もう一度見てみよう。この制度には、三つの主体が関わっている。

(1)　企業：規制化学物質の排出量・移動量を測定し、届け出なくてはならない
(2)　行政：企業から届出のあった化学物質情報をまとめ、公表しなくてはならない
(3)　市民：公表された情報を得て、防災に活かすことができる

化学物質を取り扱う「企業」と、都道府県を含めた「行政」は、法律によって、しなくてはならない事柄、つまり「義務」について定められている。しかし、市民は、あくまでも「〇〇することができる」というだけであって、義務ではない。つまり、市民は、ＰＲＴＲ制度の重要な一部を担う主体ではあるが、それを一〇〇パーセント活かすのは、私たちの意識にかかっているということである。

では、私たちの意識は高いと言えるだろうか。残念ながら、現時点での答えは「ＮＯ」と言わざるを得ない。前節で見たような、周辺住民の「厳しい目」や、事業者と周辺住民の間の「建設的なリスク・コミュニケーション」は、ほとんど機能していないからである。これまでのＰＲＴＲ制度に対する、市民からの情報公開請求の数が一つの例である。先に述べたように、ＰＲＴＲ制度の運用開始から見直しがされるまでの数年間は、事業所ごとのデータは、市民から情報公

開請求があった時に公開されていた。環境省と経済産業省の「ＰＲＴＲ制度見直しに関する中間報告書」では、この時期の市民からの情報公開請求は、それほど多くなかったと指摘されている。制度の運用見直し以後は、データの有効活用のため、事業所ごとのデータも、インターネット上で原則公開という形をとるようになった。

私たちの、化学災害やＰＲＴＲ制度に対する意識が、それほど高くないのはどうしてだろうか。その理由として考えられることは、主に二つある。

(1)　化学災害は、自分たちに関係ない災害だと思っているから

(2)　そもそも、ＰＲＴＲ制度について知らないから

どちらかと言えば、後者の理由の方が大きいのではないか、と考えられる。私たちは、普段、様々なメディアを通じて情報を得ている。ＰＣやスマートフォンも普及し、インターネット環境が充実してきたことで、テレビの視聴率が低下したり、新聞の購読者が減少したりしている。しかし、そのような中でも、「信頼できる情報を得る主要な情報源」としては、テレビや新聞と答える人がまだまだ多い。では、マス・メディアは、化学災害やＰＲＴＲ制度について、十分伝えていると言えるだろうか。

二〇一五年六月十日に、京都で発生した事故を例に見てみよう。塩酸を積んで、一般道路を走行中だったトラックが、他の車両と衝突事故を起こし、六五〇〇リットルの塩酸が流出した。周辺には、白い煙状の気体が漂い、事故現場の周辺に暮らす住民一人が、病院に搬送された。事故

は、お昼近くの時間帯に発生したので、午後以降のニュースやワイドショーで、どのように伝えるか、各局の状況を見ていた。不幸中の幸い、犠牲者が出なかったこともあってか、どの局の番組でも、小さな扱いであった。この日、大きく扱われていたのは、東京のマンションの高層階から、少年が水入りのペットボトルを投げ落とし、歩行者に怪我人が出たというニュースであった。このニュースに関しては、クレーン車を使い、高所から水入りペットボトルを投下し、その威力や危険性を検証する実験の様子まで伝えていた。非常に対照的な扱いであったと言える。この「流出事故」と「少年の起こした事件」を比べ、どちらが身近で、深刻なニュースだと感じるか、というのは、ニュースの受け手によって異なるだろう。それは、ニュースの送り手側も同じはずである。しかし、テレビ局の報道の仕方は、どの局もほとんど変わらなかった。

化学災害やPRTR制度に関するマス・メディアでの扱いは、この事故の報道に限らず、それほど大きくなかった。そのことが、市民の、化学災害やPRTR制度に対する認知度や意識の低さにつながっている、と言えるのではないか。逆に言えば、今後、市民の意識を高めるにあたって、マス・メディアの果たすべき役割は大きい、ということでもある。

第三節　理想的な形へ近づけるために――化学物質に関わる法律体系

先ほど、第I部で取り上げた事故の原因となった化学物質の一つである、アクリル酸に関する

ＰＲＴＲ制度の公開データをチェックした（表12、一七五ページ）。これは、アクリル酸のデータが何か特徴的だったために、サンプルとして選んだ、というわけではない。この本では、全部で一七の事例を取り上げた。ＬＰガスのように、幾つかの事故を引き起こした物質もあるため、事故の原因となった化学物質は、一七物質より少ない。だが、ＰＲＴＲ制度で規制されている化学物質は、アクリル酸とポリ塩化ビニルの二種類だけなのである。その他は、

・消防法
・毒物及び劇物取締法
・高圧ガス保安法

などの法律で規制されているが、ＰＲＴＲ制度とは関わりがない。ＰＲＴＲ制度の規制化学物質でないということは、個別事業所が取り扱う化学物質に関する情報が、公開されていないということを意味する。例えば、消防法では、一定量以上の危険物を取り扱う場合、消防への届出が義務付けられているが、その情報はＰＲＴＲ制度のような形で公開されているわけではない。

市民がＰＲＴＲ制度の公開情報を利用する頻度は、これまで決して高くなかったというのは、先ほど見たとおりである。

しかし、ＰＲＴＲ制度の「企業が取り扱っている化学物質に関する情報が公開されていて、私たちが知りうる」というシステムは有意義なものである。今後、そのシステムを、ＰＲＴＲ制度の規制化学物質以外にも広げていくことも考えるべきではないか。

化学物質に関する法律について考えなければならない点は、もう一つある。関係する法律の多さである。主なものを挙げてみよう。

・化学物質の審査及び製造等の規制に関する法律（化審法）
・ＰＲＴＲ制度（化管法）
・ダイオキシン類対策特別措置法
・毒物及び劇物取締法
・有害物質を含有する家庭用品の規制に関する法律
・ポリ塩化ビフェニル廃棄物の適正な処理の推進に関する特別措置法
・自動車から排出される窒素酸化物及び粒子状物質の特定地域における総量の削減等に関する特別措置法（自動車NOx・ＰＭ法）
・肥料取締法
・農薬取締法

化学物質関連法として言及されることは少ないが、この本の前半部分で頻繁に出てきた「消防法」や「高圧ガス保安法」も、このカテゴリーに含めて考えて良いだろう。

ＰＲＴＲ制度をはじめ、個々の法律は、それぞれの目的にある程度特化した形で制定されている点が、メリットと言えるだろう。しかし、化学物質という大きな括りから考えてみると、用途が異なると、規制・管理する法律も異なるという状況はどうだろうか。現在、人工的に合成された化学物質自体の種類も多く、環境問題や化学災害の原因となることも多い。現在ある個別法を、統括してカバーできるような法律、言い換えれば、環境法体系でいうところの「環境基本法」にあたるような法律が必要なのではないだろうか。

日本の人口は、二〇〇八年にピークを迎え、それ以後は減る傾向にある。晩婚化、少子化というトレンドが大きく変わらない限り、これからも日本の人口は減り続けていく。また、交通網の発達により、東京など大都市圏へのアクセスが簡単になった。そのことで、地方の過疎化や産業の空洞化にも拍車がかかっている。それに加え、これらの問題とリンクして、空き家の数も増えており、防災の面や治安の面で対策が求められるようになってきた。私たちは、都市のデザインを、今後さらに進んでいく高齢化社会に適合したものに変えていかなくてはならないのである。その時に、化学工場などの工業地と、私たちが日々の暮らしを営む住宅地をどう共存させるか、という点にも目を配る必要がある。

つまり、化学災害に強い社会にするためには、人的な部分だけでなく、社会インフラの面からも対策を講じることが重要なのである。

しかし、住宅地と工業地を、どれほど大きな災害が起こっても住民に被害が出ないくらい離すことは、二つの点において現実的ではない。

⑴　国土が狭いため

(2)　日本には中小企業が多く、住宅と工場を兼ねている所も多いため

そうであれば、まずは、化学災害やＰＲＴＲ制度についての、市民の認知度や意識を高める必要がある。そして、次の段階として、事業者と周辺住民の間で「建設的なリスク・コミュニケーション」がおこなわれるよう取り組まなければならない。その結果、住宅地と工業地の安全な共存が達成できるだろう。

おわりに

筆者は、社会科学、特に政策の面から環境問題の研究を続けてきた。その中でも、如何に化学物質の悪影響が広範囲に及ぶのを防ぐのか、という点に関心があった。その大きな柱が、この本の後半で扱った「ＰＲＴＲ制度」であり、この制度を貫く「予防」という考え方である。高等学校で生物を履修したのが最後で、それ以降は、徹底して文系の路線を歩んできたので、長い化学物質名や構造式にアレルギーがある、という人の気持ちもよく分かる。したがって、化学の知識がほとんどなくても、読んで理解できる本にしようと心がけたが、達成できているだろうか。また、この本をきっかけにして、化学災害の分野に興味を持った読者が、さらにリサーチを進められるよう、必要な情報は全て明示した。筆者が利用した書籍、論文・新聞などの記事、インターネットのアドレス、統計情報などは、これらから得ることができる。大いに活用してほしい。

機械でも、時々ミスをする。人間であれば尚更である。ここまで見てきて分かるように、化学災害の多くは、人間のミスや不作為によって起きている。したがって、自然災害と違って、起きる頻度や被害の程度は、私たち次第である程度はコントロールできる。そのために必要なステップは、以下のとおりである。

(1)　これまでの爆発・火災事故を化学災害として捉える

(2)　私たちが暮らしている場所によって、遭遇する可能性のある化学災害は異なるので、ＰＲＴＲ制度の公開データを利用して必要な情報を知る

(3)　化学災害を未然に防ぐ、もしくは、被害を最小化するために備える

単にこの本を読んで終わるのではなく、是非、この本を足がかりにして動き出してほしい。自分自身や大切な人たちの命、そして財産を守るのは、私たち自身である。

最後になりますが、本書を出版するにあたっては、緑風出版の高須次郎氏、高須ますみ氏、編集部の斎藤あかね氏に様々な面でお世話になりました。お三方の力添えがなければ、本書が世に出ることはなかったと思います。本当に有り難うございました。

参考資料

はじめに

国土交通省水管理・国土保全局「平成25年の水害・土砂災害等の概要」（http://www.mlit.go.jp/river/bousai/saigai/pdf/h25/h25_overview.pdf）

総務省消防庁報道資料「平成25年中の危険物に係る事故の概要の公表」（http://www.fdma.go.jp/neuter/topics/houdou/h26/2605/260530_1houdou/03_houdoushiryou.pdf）

気象庁「アメダスで見た短時間強雨発生回数の長期変化について」（http://www.jma.go.jp/jma/kishou/info/heavyraintrend.html）

気象庁「震度データベース検索」（http://www.data.jma.go.jp/svd/eqdb/data/shindo/index.php）

気象庁「台風の発生数（２０１４年までの確定値と２０１５年の速報値）」（http://www.data.jma.go.jp/fcd/yoho/typhoon/statistics/generation/generation.html）

第Ⅰ部　序章

『大辞泉』（小学館）

『大辞林』（三省堂）

奥田欽之助『事故から学ぶ化学災害の防止対策』（日刊工業新聞社、二〇〇〇年）

安全工学協会編『火災爆発事故事例集』（コロナ社、二〇〇一年）

平野敏右編『環境・災害・事故の事典』（丸善、二〇〇一年）

災害情報センター編『災害・事故事例事典』（丸善、二〇〇二年）

安全工学会編『事故・災害事例とその対策―再発防止のための処方箋―』（養賢堂、二〇〇五年）

田村昌三編『化学物質・プラント事故事例ハンドブック』（丸善、二〇〇六年）

日外アソシエーツ編『日本災害史事典1868‐2009』（二〇一〇年）
失敗知識データベース（http://www.sozogaku.com/fkd/index.html）
リレーショナル化学災害データベース（http://riscad.db.aist.go.jp/index.php）
静岡県島田市ホームページ（http://www.city.shimada.shizuoka.jp/kikitaisaku/kasaiinfo_20141231.html）
特殊東海製紙株式会社「お詫び」（https://www.tt-paper.co.jp/info/2015/pdf/20150101_info.pdf）
特殊東海製紙株式会社「お詫びならびに鎮火のお知らせ」（https://www.tt-paper.co.jp/info/2015/pdf/20150107_info.pdf）

第Ⅰ部　第一章（事例一）

R・カーソンSilent Spring一九六二年、青樹簗一訳『沈黙の春―生と死の妙薬――』（新潮社、一九六四年）
環境省パンフレット「ダイオキシン類」（http://www.env.go.jp/chemi/dioxin/pamph/2012.pdf）
失敗知識データベース失敗百選「イタリア・セベソの化学工場での爆発」（http://www.sozogaku.com/fkd/hf/HC0300002.pdf）
J・G・フラー、野間宏監訳『死の夏――毒雲の流れた街――』（アンヴィエル、一九七八年）
蓮見けい『悪魔のおりた街―ダイオキシンの夏』（岩崎書店、一九八五年）
EICネット　環境用語集「大規模事故災害防止指令（EU）」（http://www.eic.or.jp/ecoterm/?act=view&serial=3436）
国立環境研究所「欧州委員会、大規模産業災害のリスク軽減のため、情報公開を強化した改正セベソ指令を施行」（http://tenbou.nies.go.jp/news/fnews/detail.php?i=9100）
EICネット　環境用語集「バーゼル条約」（http://www.eic.or.jp/ecoterm/index.php?act=view&serial=2123）
外務省「バーゼル条約」（http://www.mofa.go.jp/mofaj/gaiko/kankyo/jyoyaku/basel.html）

第Ⅰ部　第一章（事例二）

リレーショナル化学災害データベース「ボパールでのイソシアン酸メチル漏洩事故　事故ID：73」

(http://riscad.db.aist.go.jp/PHP_JP/pca_pro3.php)

失敗知識データベース失敗百選「インド　ボパールの化学工場の毒ガス漏洩」(http://www.sozogaku.com/fkd/hf/HC0300003.pdf)

D・カーズマン、松岡信夫訳『死を運ぶ風―ボパール化学大災害』(亜紀書房、一九九〇年)

ボパール事件を監視する会編『技術と人間　一九八五年九月臨時増刊号　ボパール死の都市史上最大の化学ジェノサイド』

Union Carbide Corporation History (http://www.unioncarbide.com/History)

第Ⅰ部　第一章（事例三）

経済産業省「なるほど!ケミカル・ワンダータウン：ベビー用品店」(http://www.meti.go.jp/policy/chemical_management/chemical_wondertown/babygoods/index.html)

日本衛生材料工業連合会「乳幼児用紙おむつの生産数量推移」(http://www.jhpia.or.jp/data/data5.html)

日本衛生材料工業連合会「大人用紙おむつのタイプ別生産数量推移」(http://www.jhpia.or.jp/data/data6.html)

総務省統計局「2-4　年齢各歳別人口」(http://www.stat.go.jp/data/nihon/02.htm)

石油情報センター「石油の精製」(https://oil-info.ieej.or.jp/whats_sekiyu/1-11.html)

職場のあんぜんサイト「アクリル酸」(http://anzeninfo.mhlw.go.jp/anzen/gmsds/0002.html)

図解でわかる危険物取扱者講座「第二石油類」(http://zukai-kikenbutu.com/kikenbutu/4-dai2sekiyurui.html)

日本触媒「製品フローチャート」(http://www.shokubai.co.jp/ja/products/chart.html)

日本触媒「個人投資家向け説明会資料(二〇一二年六月)」(http://www.shokubai.co.jp/ja/ir/pdf/briefing_private/briefing_private2012_1.pdf)

日本触媒「爆発・火災事故　調査報告書(二〇一三年三月)」(http://www.shokubai.co.jp/ja/news/file.cgi?file=file1_0111.pdf)

日本触媒「姫路製造所における爆発・火災事故について(第十九報)」(http://www.shokubai.co.jp/ja/news/file.cgi?file=file1_0140.pdf)

日本触媒「早わかり！　日本触媒」（http://www.shokubai.co.jp/ja/company/aboutus.html#co03）
日本触媒ニュースリリース「高吸水性樹脂（ＳＡＰ）の増設について（於 姫路製造所）」（http://www.shokubai.co.jp/ja/news/file.cgi?file=file1_0169.pdf）

第Ⅰ部　第一章（事例四）

石油連盟「もっと知りたい!!　石油のＱ＆Ａ」（http://www.paj.gr.jp/about/data/sekiyunoQA.pdf）
日本プラスチック工業連盟「プラスチックの種類」（http://www.jpif.gr.jp/00plastics/plastics.htm）
日本ビニル協会「ポリ塩化ビニルに関するＱ＆Ａ」（http://www.vinyl-ass.gr.jp/answer.html#7）
塩ビ工業・環境協会「塩ビ製品の実用特性」（http://www.vec.gr.jp/enbi/enbi2_3.html）
塩ビ工業・環境協会「日本の塩ビ工業の歴史」（http://www.vec.gr.jp/lib/lib1.html）
塩ビ工業・環境協会「塩ビ樹脂生産出荷実績表（暦年）」（http://www.vec.gr.jp/lib/PVCdata/pvc1981-2014.pdf）
東ソー（株）「南陽事業所」（http://www.tosoh.co.jp/company/location/nanyou_est/index.html）
職場のあんぜんサイト「塩化ビニル」（http://anzeninfo.mhlw.go.jp/anzen/gmsds/75-01-4.html）
東ソー（株）「南陽事業所　爆発火災事故報告書」（http://www.tosoh.co.jp/news/assets/20120613001.pdf）
東ソー（株）ニュースリリース（２０１１／１１／１８）「南陽事業所第二塩化ビニルモノマー製造設備の火災事故に伴う排水中のＥＤＣ排出基準値の超過について」（http://www.tosoh.co.jp/news/assets/20111118002.pdf）
東ソー（株）ニュースリリース（２０１２／０５／０９）「南陽事業所第一塩化ビニルモノマー製造施設の稼働再開について」（http://www.tosoh.co.jp/news/assets/20120509001.pdf）
東ソー（株）ニュースリリース（２０１２／０７／０８）「南陽事業所第三塩化ビニルモノマー製造施設の稼働再開について」（http://www.tosoh.co.jp/news/assets/20120708001.pdf）
東ソー（株）ニュースリリース（２０１２／１１／０１）「南陽事業所　第三塩化ビニルモノマー製造設備の生産能力を増強」（http://www.tosoh.co.jp/news/assets/20121101003.pdf）
塩ビ工業・環境協会「生産能力」（http://www.vec.gr.jp/lib/lib2_3.html）

第Ⅰ部　第一章（事例五）

中小企業庁『中小企業白書　２０１５年版』（http://www.chusho.meti.go.jp/pamflet/hakusyo/H27/PDF/h27_pdf_mokujityuu.html）
中小企業庁「２０１５年版中小企業白書について（概要）」（http://www.chusho.meti.go.jp/pamflet/hakusyo/H27/PDF/h27_pdf_mokujityuuGaiyou.pdf）
東京都大田区「大田区の人口及び世帯数」（https://www.city.ota.tokyo.jp/kuseijoho/suuji/toukei_chousa/22jinnkoutoukihonshukei.files/1.jinnkou.pdf）
平成二十四年　大田区の工業「結果の概説」（https://www.city.ota.tokyo.jp/sangyo/sangyou_suuji_jittai/toukei/kougyou/20141226084634560.files/03_24gaisetsu.pdf）
東京都大田区「輝け！　大田のまち工場」（https://www.city.ota.tokyo.jp/sangyo/kogyo/kagayake/index.html）
東京都大田区「住工調和」（https://www.city.ota.tokyo.jp/sangyo/kogyo/kagayake/monozukurimachi/hou_fac.html）
図解でわかる危険物取扱者講座「ヒドロキシルアミン」（http://zukai-kikenbutu.com/kikenbutu/5-hidorokisi ruamin.html）
職場のあんぜんサイト「ヒドロキシルアミン」（http://anzeninfo.mhlw.go.jp/anzen/gmsds/7803-49-8.html）
安全工学会『事故・災害事例とその対策——再発防止のための処方箋——』（養賢堂、二〇〇五年）
田村昌三『化学物質・プラント事故事例ハンドブック』（丸善、二〇〇六年）
リレーショナル化学災害データベース「ヒドロキシルアミンの爆発事故　事故ＩＤ：８３」（http://riscad.db. aist.go.jp/PHP_JP/pca_pro3.php）
消防庁「群馬県化学工場爆発火災（第七報）」（http://www.fdma.go.jp/bn/data/010409211511262087.pdf）
リレーショナル化学災害データベース「米国・ヒドロキシルアミン製造工場で爆発　事故ＩＤ：７０３１」（http://riscad.db.aist.go.jp/PHP_JP/pca_pro3.php）
損害保険料率算出機構「危険物の範囲に関する消防法の改正」『Ｒｉｓｋ』№64（二〇〇二年）（http://www.giroj.or.jp/disclosure/risk/risk64-4.pdf）

桜井弘『元素１１１の新知識』（講談社、二〇一三年）
国立健康・栄養研究所「マグネシウム解説」（http://hfnet.nih.go.jp/contents/detail656.html）
日本マグネシウム協会「マグネシウムの基礎知識：特性」（http://magnesium.or.jp/property/）
日本マグネシウム協会「マグネシウムの基礎知識：歴史」（http://magnesium.or.jp/property/history/）
日本マグネシウム協会「マグネシウムの基礎知識：用途例」（http://magnesium.or.jp/property/use/）
消防庁「東京都町田市作業場火災（第四報）」（http://www.fdma.go.jp/bn/2014/detail/857.html）
図解でわかる危険物取扱者講座（http://zukai-kikenbutu.com/）
e-危険物.com（http://www.e-kikenbutu.com/what/index2.html）
八島正明「金属の火災と爆発の危険性」『そんぽ予防時報 vol.二六〇』（二〇一五年）
リレーショナル化学災害データベース「マグネシウムリサイクル工場でマグネシウムの火災　事故ＩＤ：８１４４」（http://riscad.db.aist.go.jp/PHP_JP/pca_pro3.php）

第Ⅰ部　第一章（事例七）

株式会社山清倉庫「倉庫の歴史」（http://www.yamasei-web.co.jp/a_la_carte/）
サカタウエアハウス株式会社「ロジスティクス・レビュー第十九号」（http://www.sakata.co.jp/logistics-19/#01）
日本倉庫協会「倉庫業について」（http://www.nissokyo.or.jp/outline/index.html#a4）
国土交通省北海道運輸局「営業倉庫の種類」（https://wwwtb.mlit.go.jp/hokkaido/bunyabetsu/buturyuu/souko/souko_link/shurui.html）
失敗知識データベース失敗百選「倉庫火災による有機過酸化物の爆発」（http://www.sozogaku.com/fkd/hf/HC 0200031.pdf）
竹内吉平「勝島倉庫火災の回想」『近代消防』（二〇〇〇年七月臨時増刊号）
加藤孝一「宝組勝島倉庫爆発火災から五十年―消防職団員十九名が殉職した爆発火災を顧みて――」『近代消防』（二〇一四年七月号）
総務省統計局「平成２４年経済センサス　産業分類、地域別民営事業所数及び従業者数」（http://www.e-stat.go.jp/SG1/estat/List.do?bid=000001053304&cycode=0）

リレーショナル化学災害データベース「貯蔵中の化学肥料の爆発事故　事故ＩＤ：４８１８」（http://riscad.db .aist.go.jp/PHP_JP/pca_pro3.php）
リレーショナル化学災害データベース「化学製品倉庫の火災でスプレー缶が爆発　事故ＩＤ：６１５８」（http://riscad.db.aist.go.jp/PHP_JP/pca_pro3.php）
リレーショナル化学災害データベース「物流倉庫で火災　事故ＩＤ：８４０６」（http://riscad.db.aist.go.jp/PHP_JP/pca_pro3.php）

第Ⅰ部　第一章（事例八）

文部科学省「平成２６年度学校基本調査（確定値）の公表について」（http://www.mext.go.jp/component/b_menu/other/__icsFiles/afieldfile/2014/12/19/1354124_1_1.pdf）
資料　小学校標準的理科薬品類等一覧（http://www.saga-ed.jp/kenkyu/kenkyu_chousa/h18/anzennarika/shi ryou/7-4.pdf）
失敗知識データベース失敗百選「大阪大学でのモノシランガス爆発」（http://www.sozogaku.com/fkd/hf/HA 0000614.pdf）
Itaru Sawaki「大阪大学モノシラン爆発事故」（http://pe-sawaki.com/wp/wp-content/uploads/2014/07/20081 015.pdf）
容器保安規則（http://law.e-gov.go.jp/htmldata/S41/S41F03801000050.html）
島根大学「お詫び（二月三日の硫化水素発生事故について）」（http://www.shimane-u.ac.jp/docs/201010250159 9/）
島根大学ＩＳＯ-Ｐ　№23「硫化水素発生事故の報告」（https://www.shimane-u.ac.jp/_common/images/02/iso 14001/images/stories/ems/PDF_files/matsue_news/iso_p_news_23_2.pdf）
島根大学「環境報告書２００９　ダイジェスト版」（https://www.shimane-u.ac.jp/_files/00007122/mini_report 09.pdf）
リレーショナル化学災害データベース「研究機関の実験棟で火災　事故ＩＤ：８１５３」（http://riscad.db.aist.go.jp/PHP_JP/pca_pro3.php）
産業技術総合研究所「産総研レポート　社会・環境報告２０１３」（http://www.aist.go.jp/digbook/aist_report /2013/book.pdf）

第Ⅰ部　第一章（事例九）

気象庁「活火山とは」（http://www.data.jma.go.jp/svd/vois/data/tokyo/STOCK/kaisetsu/katsukazan_toha/katsukazan_toha.html）

内閣府『平成２６年版防災白書　附属資料一　世界の災害に比較する日本の災害被害』（http://www.bousai.go.jp/kaigirep/hakusho/h26/honbun/3b_6s_01_00.html）

気象庁「御嶽山　有史以降の火山活動」（http://www.data.jma.go.jp/svd/vois/data/tokyo/312_Ontakesan/312_history.html）

国土交通省「御嶽山の噴火による被害状況等について（第二十七報）」（http://www.mlit.go.jp/common/001059847.pdf）

日本気象協会「口永良部島の噴火に関する火山観測報」（http://www.tenki.jp/bousai/volcano/live-45781.html）

内閣府　防災情報のページ「災害情報一覧」（二〇一五年六月五日時点）（http://www.bousai.go.jp/updates/h270529kazan/pdf/h270605kazan_01.pdf）

日本経済新聞「世界三位の地熱資源大国「温泉発電」で脱・宝の持ち腐れ」（http://www.nikkei.com/article/DGXNASFK1200E_S3A610C1000000/）

環境省自然環境局「平成25年度　温泉利用状況」（https://www.env.go.jp/nature/onsen/data/riyo_h25.pdf）

リレーショナル化学災害データベース「渋谷松濤温泉シエスパ爆発事故　事故ＩＤ：７００４」（http://riscad.db.aist.go.jp/PHP_JP/pca_pro3.php）

失敗知識データベース失敗百選「渋谷シエスパ爆発」（http://www.sozogaku.com/fkd/cf/CZ0200803.html）

環境省自然環境局パンフレット「温泉施設での可燃性天然ガス事故を防ぐために―改正温泉法の可燃性天然ガスの安全対策―」（http://www.env.go.jp/nature/onsen/docs/pamph_shisetsu/full.pdf）

第Ⅰ部　第一章まとめ

e-危険物.com（http://www.e-kikenbutu.com/what/index2.html）

淡路剛久、磯崎博司、大塚直、北村喜宣『環境法辞典』二五五ページ（有斐閣、二〇〇二年）
環境省ケミココ（http://www.chemicoco.go.jp/）
総務省消防庁『平成26年版　消防白書』
鈴木拓人「化学工場の爆発火災事故の増加とその影響について」『ＮＫＳＪ－ＲＭレポート 六九』（二〇一二年六月十四日）（http://www.sjnk-rm.co.jp/publications/pdf/r69.pdf）

第Ⅰ部　第二章（事例一）

石炭エネルギーセンター「日本の石炭生産・需給」（http://www.jcoal.or.jp/coaldb/country/06/post_9.html）
失敗知識データベース失敗百選「新潟地震による石油タンク等の火災」（http://www.sozogaku.com/fkd/hf/HB 0012035.pdf）
総務省消防庁「参考資料一　昭和３９年新潟地震昭和石油株式会社新潟製油所火災」（http://www.fdma.go.jp/neuter/topics/houdou/h25/2503/250328_1houdou/05_houdoushiryou/sanko_01-04.pdf）
「新潟地震から五十年　石油タンク火災と液状化、都市型災害の教訓を生かせ」（http://www.sankei.com/life/print/140616/lif1406160023-c.html）
津波ディジタルライブラリィ「新潟地震火災に関する研究　非常火災対策の調査報告書　昭和３９年度」（http://tsunami-dl.jp/document/144#section-042d64103d670dd10105ae927c1598e1）

第Ⅰ部　第二章（事例二）

消防庁災害対策本部「平成二十三年（二〇一一年）東北地方太平洋沖地震（東日本大震災）について（第一五一報：平成二十七（二〇一五）年三月九日）」（http://www.fdma.go.jp/bn/higaihou/pdf/jishin/151.pdf）
西晴樹「東日本大震災における危険物施設の被害」『そんぽ予防時報vol.二四九』（二〇一二年）（http://www.sonpo.or.jp/archive/publish/bousai/jiho/pdf/no_249/yj24924.pdf）
気仙沼・本吉地域広域行政事務組合消防本部「東日本大震災消防活動の記録」（http://www.km-fire.jp/images_higashi/higashikatudou.pdf）
北村芳嗣「気仙沼市における津波火災に対する考察」（http://www7a.biglobe.ne.jp/~fireschool2/d-A849.TUNAMI.fire.2012.06.pdf）

第Ⅰ部　第二章（事例三）

コスモ石油株式会社プレスリリース「千葉製油所火災爆発事故の概要・事故原因及び再発防止策等について」（http://www.cosmo-oil.co.jp/press/p_110802/index.html）

コスモ石油株式会社千葉製油所「東日本大震災時のＬＰＧタンク火災・爆発事故における防災活動について」『Safety & Tomorrow №一四三』（二〇一二年）（http://www.khk-syoubou.or.jp/pdf/guide/magazine/143/contents/143_27.pdf）

リレーショナル化学災害データベース「東日本大震災により精油所で火災、爆発　事故ＩＤ：７７７７」（http://riscad.db.aist.go.jp/PHP_JP/pca_pro3.php）

経済産業省「資料２　コスモ石油（株）千葉製油所における火災・爆発事故について」（http://www.meti.go.jp/committee/summary/0001815/016_02_00.pdf）

高野敦「【東日本大震災】コスモ石油、千葉製油所・火災事故の原因と再発防止策を公表―ＬＰＧタンク満水で想定以上の荷重が発生」（http://techon.nikkeibp.co.jp/article/NEWS/20110802/194077/?rt=nocnt）

第Ⅰ部　第二章まとめ

東京都環境局『化学物質を取り扱う事業者のための震災対策マニュアル』（http://www.kankyo.metro.tokyo.jp/chemical/chemical/attachement/shinsaitaisaku.pdf）

第Ⅰ部　第三章

日本郵便株式会社「二〇一四年度引受郵便物等物数」（http://www.post.japanpost.jp/notification/pressrelease/2015/00_honsha/0514_02_01.pdf）

全日本トラック協会「Q．身近なトラック輸送をおしえて?」（http://www.jta.or.jp/children/minihyakka/6_mijikana_truck.html）

国土交通省「平成２５年度　宅配便等取扱実績について」（http://www.mlit.go.jp/report/press/jidosha04_hh_000080.html）

国土交通省「平成２５年度自動車輸送統計年報」（http://www.mlit.go.jp/k-toukei/06/annual/index.pdf）

国土交通省「平成２５年度鉄道輸送統計年報」(http://www.mlit.go.jp/k-toukei/10/annual/index.pdf)

第Ⅰ部　第三章（事例一）

黒田祥子、山本勲『労働時間の経済分析　超高齢社会の働き方を展望する』（日本経済新聞出版社、二〇一四年）
総務省「労働力調査２０１４年」(http://www.e-stat.go.jp/SG1/estat/List.do?lid=000001134801)
失敗知識データベース失敗百選「タンクローリの横転によるLPガス爆発」(http://www.sozogaku.com/fkd/hf/HB0012036.pdf)
三上喜貴「道路を走る危険物～タンクローリー事故」(http://safety.nagaokaut.ac.jp/~safety/?page_id=405)
全日本トラック協会「トラック早分かり」(http://www.jta.or.jp/coho/hayawakari/index.html)
全日本トラック協会『事業用貨物自動車の交通事故の傾向と事故事例　平成27年3月』(http://www.jta.or.jp/member/pf_kotsuanzen/jikojirei.pdf)
高圧ガス保安協会「高圧ガスタンクローリーの事故防止について」(http://www.khk.or.jp/activities/incident_investigation/hpg_incident/pdf/tankuro-ri-jikor1.pdf)

第Ⅰ部　第三章（事例二）

ＮＥＸＣＯ東日本「高速道路はじめて物語」(http://kids.e-nexco.co.jp/guidebook/hajimete/)
国土交通省「道路統計年報２０１４　道路の現況　表2　道路現況総括表」(http://www.mlit.go.jp/road/ir/ir-data/tokei-nen/2014/pdf/d_genkyou02.pdf)
京都新聞「よみがえれ環境第８部　地球が乱れる〈8〉化学物質対策が急務」(http://www.kyoto-np.co.jp/kp/cop3/special/earth808.html)
総務省消防庁「危険物運搬車両の事故防止等対策の実施について（通知）」(http://www.fdma.go.jp/html/data/tuchi0912/091212ki116.pdf)
全日本トラック協会『トラックドライバーのための化学品安全輸送手帳　イエローカード編』(http://www.jta.or.jp/member/pf_kotsuanzen/kagakuhin_anzen_yuso.pdf)
全日本トラック協会『危険物輸送の基本』(http://www.jta.or.jp/member/pf_kotsuanzen/kenshu_text5.

pdf）

第Ⅰ部　第三章（事例三）

国土交通省『日本鉄道史』（http://www.mlit.go.jp/common/000218983.pdf）
国土交通省『昭和４１年度　運輸白書』（http://www.mlit.go.jp/hakusyo/transport/shouwa41/ind040101/frame. html）
ＪＲ貨物「環境・社会報告書２０１３」（http://www.jrfreight.co.jp/common/pdf/info/kankyo2013.pdf）
ＪＲ貨物「安全報告書２０１４」（http://www.jrfreight.co.jp/common/pdf/info/2014_anzen.pdf）
リレーショナル化学災害データベース「ベルギーの列車事故　事故ＩＤ：８４１０」（http://riscad.db.aist.go.jp/PHP_JP/pca_pro3.php）
リレーショナル化学災害データベース「アメリカの列車事故　事故ＩＤ：７４５７」（http://riscad.db.aist.go.jp/PHP_JP/pca_pro3.php）
リレーショナル化学災害データベース「アメリカの列車事故　事故ＩＤ：６４５８」（http://riscad.db.aist.go.jp/PHP_JP/pca_pro3.php）

第Ⅰ部　第三章（事例四）

日本航空機開発協会「平成２６年度版　民間航空機関連データ集」（http://www.jadc.jp/data/associate/）
国土交通省航空局「航空物流レポート」（http://www.mlit.go.jp/common/000229470.pdf）
成田国際空港「各種データ」（http://www.naa.jp/jp/airport/about_statistics.html）
成田国際空港「空港の運用状況」（http://www.naa.jp/jp/airport/pdf/unyou/y_20150326.pdf）
運輸安全委員会「航空事故調査報告書」（http://www.mlit.go.jp/jtsb/aircraft/rep-acci/AA2013-4-2-N526FE.pd f）
運輸安全委員会「報告書説明資料」（http://www.mlit.go.jp/jtsb/aircraft/p-pdf/AA2013-4-2-p.pdf）
ＵＰＳ六便貨物機墜落事故 Accident Description（http://aviation-safety.net/database/record.php?id=20100903-0）
リレーショナル化学災害データベース「アシアナ航空貨物機墜落事故　事故ＩＤ：８０４２」（http://riscad.db.aist.go.jp/PHP_JP/pca_pro3.php）

国土交通省「航空貨物の危険物代表例」（http://www.mlit.go.jp/common/001009916.pdf）
ＪＥＴＲＯ（日本貿易振興機構）「危険物国際輸送における留意点：日本」（https://www.jetro.go.jp/world/qa/04A-010148.html）
ＪＥＴＲＯ「航空貨物として輸送できないもの、特別な条件が付くもの：日本」（http://www.jetro.go.jp/world/qa/04A-020141.html）

第Ⅰ部　第三章（事例五）

明和海運株式会社「海運プラザ　海運豆知識第四十九回　船の種類」（http://www.meiwakaiun.com/meiwa plus/tips/tips-vol49.html）
日本船主協会「海と船のＱ＆Ａ　Ｑ８．船の種類：船にはどんな種類があるか?」（http://www.jsanet.or.jp/qanda/text/q2_08.html）
日本船主協会「統計データ　２．日本海運の現状」（http://www.jsanet.or.jp/data/pdf/data2_2014a.pdf）（http://www.jsanet.or.jp/data/pdf/data2_2014e.pdf）
日本海事広報協会「日本の内航船の船種別船腹量の推移」（http://www.kaijipr.or.jp/cgi-bin/data/view.cgi?t=kaiun2）
国土交通省「港湾取扱貨物量ランキング二〇一一年上位一〇〇港」（http://www.mlit.go.jp/common/000228233.pdf）
海上保安庁警備救難部「熊野灘沖ケミカルタンカー事故概要」（http://www.pcs.gr.jp/doc/jsymposium/2006/2006_nomata_j.pdf）
国土交通省「主要なタンカー油流出事故について」（http://www.mlit.go.jp/kaiji/seasafe/safety11_.html）
リレーショナル化学災害データベース（http://riscad.db.aist.go.jp/index.php）

第Ⅰ部　第三章まとめ

国土交通省「自動車輸送統計年報　平成２５年度分」（http://www.mlit.go.jp/k-toukei/search/pdf/06/0620130 0a00000.pdf）
国土交通省「鉄道輸送統計年報　平成２５年度分」（http://www.mlit.go.jp/k-toukei/search/pdf/10

/1020130 0a00000.pdf)
国土交通省「平成25年度　内航船舶輸送実績の概要」(http://www.mlit.go.jp/k-toukei/search/pdf/09/09201 300a00000.pdf)
国土交通省「平成25年度　航空輸送実績について（概況）」(http://www.mlit.go.jp/k-toukei/search/pdf/11 /11201300a00000.pdf)

第Ⅰ部　第四章

『大辞泉』〔小学館〕
『大辞林』〔三省堂〕
総務省消防庁『平成26年版　消防白書』
国立社会保障・人口問題研究所「人口統計資料集」(http://www.ipss.go.jp/syoushika/tohkei/Popular/Popular 2015.asp?chap=0)
千葉県「平成26年版　消防防災年報用語等の説明」(https://www.pref.chiba.lg.jp/shoubou/nenpou/documents /2602yougo.pdf)
総務省消防庁『消防白書』（平成13年版〜平成26年版）(http://www.fdma.go.jp/concern/publication/)
建築基準法（http://law.e-gov.go.jp/htmldata/S25/S25HO201.html)
総務省統計局「平成25年住宅・土地統計調査　用語の解説（住宅）」(http://www.stat.go.jp/datajyutaku/20 13/pdf/giy14_1.pdf)
総務省統計局「平成25年住宅・土地統計調査（確報集計）結果の概要」(http://www.stat.go.jp/datajyutaku /2013/10_3.htm)
杉田直樹「火災時に発生する一酸化炭素などの燃焼生成ガスについて」『予防時報　二三三号』（二〇〇八年）(http://www.sonpo.or.jp/archive/publish/bousai/jiho/pdf/no_233/yj23308.pdf)
横浜市消防局「火災からの避難」(http://www.city.yokohama.lg.jp/shobo/seikatsu/hinan.html)
横須賀市消防局「火災調査員の防火アドバイス（煙の恐ろしさ）」(http://www.city.yokosuka.kanagawa.jp/74 30/syoubou/adbice/documents/0-0advice_all.pdf)
東リ株式会社「《建物火災の進展過程を見ていく。》炎が伝わっていく過程。」(https://www.toli.co.jp/m_

library/m_library5_3_3.html）
神忠久「生死を分ける避難の知恵―その一　火災避難時の基礎知識　――」『照明工業会報』二〇一四年七月　六五〜六九ページ（http://www.jlma.or.jp/anzen/pdf/bousai_hinan_tie.pdf）
東リ株式会社「建物の種類による火災の違い。」（https://www.toli.co.jp/m_library/m_library5_4_1.html）
環境省「わたしたちの生活と化学物質」（http://www.env.go.jp/chemi/communication/guide/seikatsu/download/seikatsu_all.pdf）
製品評価技術基盤機構「子供用おもちゃの製品情報（種類、構成成分及び関連法規等）」（http://www.nite.go.jp/data/000010761.pdf）
日本プラスチック工業連盟「目で見るプラスチック統計」（http://www.jpif.gr.jp/00plastics/plastics.htm）
朝日新聞（二〇一五年三月九日）

第Ⅱ部　第一章

ケミカル・アブストラクツ・サービス（http://www.cas.org/）（http://www.cas-japan.jp/）
T・コルボーン、D・ダマノスキ、J・P・マイヤーズ Our Stolen Future 一九九六年、長尾力、堀千恵子訳『奪われし未来　増補改訂版』（翔泳社、二〇〇一年）
常石敬一『毒　社会を騒がせた謎に迫る』（講談社、一九九九年）
D・キャドバリー The Feminization of Nature 一九九七年、井口泰泉、古草秀子訳『メス化する自然』（集英社、一九九八年）
増山元三郎『サリドマイド　科学者の証言』（東京大学出版会、一九七一年）
藤木英雄、木田盈四郎『薬品公害と裁判――サリドマイド事件の記録から』（東京大学出版会、一九七四年）
富永健、巻出義紘、F・S・ローランド『フロン――地球を蝕む物質』（東京大学出版会、一九九〇年）
日本フルオロカーボン協会「フルオロカーボンの種類」（http://www.jfma.org/fluoro/shurui.html）
阿部貴美子「地球温暖化問題とその対策―オゾン層破壊防止対策との違いを含めて」『ＩＤＣＪ　ｆｏｒｕｍ　十九号』五〜一九ページ（一九九九年）
経済産業省「なるほど！ケミカル・ワンダータウン：オゾン層破壊問題」（http://www.meti.go.jp/policy/chemical_management/chemical_wondertown/library/page01.html）

橋本道夫『水俣病の悲劇を繰り返さないために―水俣病の経験から学ぶもの』（中央法規、二〇〇〇年）
環境省『環境白書　平成18年版』（ぎょうせい、二〇〇六年）
中下裕子「化学汚染のない地球を次世代に手渡すために―新たな化学物質政策の提案」一〇一～一三六ページ、松永澄夫編『環境―安全という価値は――』（東信堂、二〇〇五年）
環境庁・外務省『アジェンダ21実施計画（'97）』（エネルギージャーナル社、一九九七年）
日本化学工業協会「レスポンシブル・ケアを知っていますか」（https://www.nikkakyo.org/organizations/jrcc/page/2031）
稲永弘編『PRTRがみるみるわかる本　制度の概要から導入手順、実践事例までビジュアル解説』（PHP研究所、一九九九年）
環境省ホームページ（http://www.env.go.jp/）
経済産業省ホームページ（http://www.meti.go.jp/）

第Ⅱ部　第二章

環境省・経済産業省「PRTR制度見直しに関する中間報告書」（二〇〇九年）
環境省総合環境政策局環境計画課「公害防止計画制度に係る参考資料」（http://www.env.go.jp/policy/kihon_keikaku/kobo/com/com01/ref02-1.pdf）

[著者略歴]

門奈　弘己（もんな　こうき）

1976年生まれ。東京大学大学院新領域創成科学研究科修了（環境学修士）。英国のUniversity of Essexに留学し、社会学を専攻（Postgraduate Diploma in Sociology）。日本大学大学院総合科学研究科ポスト・ドクトラル・フェロー（～2015年3月）。

研究の主要テーマは、化学物質管理政策、PRTR制度、予防原則。

主要著書・論文

『食の安全事典』（山口英昌編　2009年10月　旬報社刊）、

「ベックの社会理論と予防原則：化学物質によるリスクを事例として」

化学災害《かがくさいがい》

2015年12月25日　初版第1刷発行　　定価2300円＋税

著　者　門奈弘己

発行者　高須次郎

発行所　緑風出版 ©

〒113-0033　東京都文京区本郷2-17-5　ツイン壱岐坂

［電話］03-3812-9420　［FAX］03-3812-7262　［郵便振替］00100-9-30776

［E-mail］info@ryokufu.com　［URL］http://www.ryokufu.com/

装　幀　斎藤あかね

制　作　R企画　　印　刷　中央精版印刷・巣鴨美術印刷

製　本　中央精版印刷　　用　紙　大宝紙業・中央精版印刷　　E1200

ISBN978-4-8461-1518-0　C0036